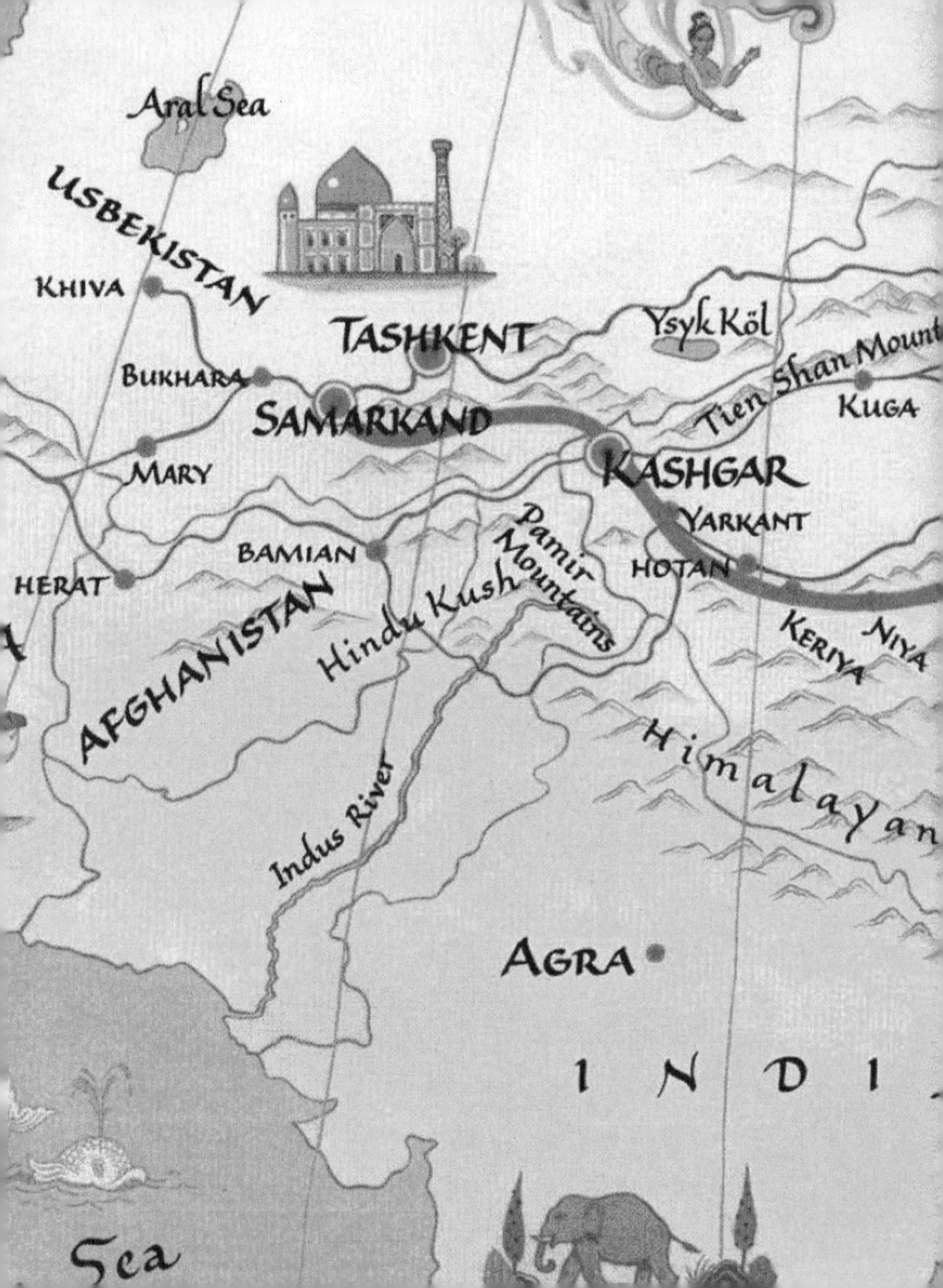

Aral Sea
USBEKISTAN
KHIVA
TASHKENT
Ysyk Köl
Tien Shan Mount
BUKHARA
SAMARKAND
KUGA
MARY
KASHGAR
YARKANT
Pamir Mountains
BAMIAN
HOTAN
HERAT
AFGHANISTAN
Hindu Kush
KERIYA
NIYA
Himalayan
Indus River
AGRA
INDI
Sea

MONGOLIA

RUMQI

HAMI

URPAN

ANXI

JIAYUGUAN

THE GREAT WALL OF CHINA

Nor

DUNHUANG

Taklamakan Desert

Sunwei Mountains

LANZHOU

Yellow River

XI'AN (Chang'An)

QARKILIK

AN

IBET

CHINA

ountains

둔황-막고굴의 속삭임

둔황-막고굴의 속삭임

글 이태원

기파랑

불교의 중국전래

부처가 온 길 실크로드

시안-란저우 거쳐 둔황으로

우루무치-투루판 거쳐 둔황으로

실크로드의 오아시스 도시들

실크로드 속에 핀 불교예술의 꽃

막고굴의 속삭임

부록

시안의 한 오래된 골목길

추천사

둔황·막고굴의 속삭임

실크로드가 시작되는 시안西安에서 란저우를 거쳐 기련 산맥 북쪽 길을 따라가다 보면 서역으로 들어서는 가욕관을 지나 타클라마칸 사막으로 접어드는 황량한 벌판에 둔황이 나타난다. 이곳 석벽에 천 년에 걸쳐 492개의 석굴을 파서 부처와 불화를 모신 막고굴이 있다. 여기서 천산 산맥을 따라 서쪽으로 길을 잡으면 투루판, 우루무치, 카슈가르를 거쳐 중앙아시아로 들어선다. 북쪽으로는 고비를 건너 몽골로, 남쪽으로 내려가면 파미르 고원을 넘어 인도 천축국으로 가게 된다. 둔황은 그 네 거리에 있다. 신라의 혜초 스님이 천축으로 가서 경전을 구하고 돌아올 때 들린 곳이 바로 이곳이다.

4세기부터 14세기까지 1천여 년 동안 2,400여 점의 불상을 새기고 불화로 벽을 장식해 놓은 이 거대한 불교 성지를 만든 사람들이 후세에 전하고 싶었던 말은 무엇이었을까? 정성을 쏟아 돌을 파고 불화를 그렸던 승려와 장인들이 남기고 싶었던 밀어密語, 그리고 그

들이 간곡하게 바랐던 염원念願을 말없이 간직하고 있는 불상과 불화를 보면서 그들의 속삭임을 짐작해본다.

나의 마음을 비우면空, 아집我執으로 엉켰던 이기적인 내가 없어지고無我, 남을 받아들이고 서로 보듬으면서 함께 살아갈 수 있다는 부처님의 가르침을 담고 있는 형상들의 속삭임은 싸움에 지친 중생들에게 모두가 화和를 이루는 불국정토佛國淨土를 이루는 길을 일러 주는 선각자들의 메시가 아니겠는가? 어지러운 일상에 지친 머리를 식히기 위하여 틈을 내서 한 번 둔황의 막고굴을 찾기를 권한다.

화운禾耘 이태원 선생은 대한항공에서 평생을 보내면서 창업자인 독실한 불자佛子 조중훈趙重勳 회장을 보필할 때 둔황에 갈 수 있는 기회가 있었다. 그때부터 몇 번 막고굴을 찾았다. 그동안 막고굴을 답사하며 모은 자료와 사진들을 모아 이번에 귀한 안내서를 썼다. 《둔황·막고굴의 속삭임》은 그 결실이다.

서로가 서로를 헐뜯는 어지러운 일상에서 벗어나 무하 공간의 우주 속의 나, 영원한 시간 속에서의 오늘을 조용히 생각해보기 위하여 이 책을 들고 막고굴로 답사여행을 떠나 볼 것을 권한다.

2018년 봄

이상우李相禹 신아시아연구소 소장

들어가는 말

동서양을 잇는 옛길인 실크로드는 낙타에 비단을 싣고 날랐던 교역의 길이었다. 뿐만 아니라 이 길은 인도에서 중국으로 부처가 들어온 길이기도 했다. 현재 실크로드 주변에는 사막이 돼버린 지역이 많지만, 이름난 석굴만도 란저우의 병령사 석굴, 둔황의 막고굴·유림굴, 쿠처의 키질 천불동, 투루판의 베제클리크 천불동 등 아직까지 많은 불교 유적이 남아있다. 그중에서 가장 유명한 것이 실크로드의 심벌이며 사막 속의 불교예술의 보고인 둔황의 막고굴莫高窟이다.

중국인이 꼽는 중국의 5대 관광명소는 「절기미승웅絶奇美勝雄」이다. '절絶'은 만리장성, '기奇'는 둔황의 막고굴, '미美'는 안후이 성의 황산, '승勝'은 시안의 진시황의 병마용, '웅雄'은 베이징의 자금성이다. 그중 막고굴은 두 번째이다.

둔황의 막고굴은 타클라마칸 사막과 고비 사막이 마주치는 '모래 바다' 속에 있는 불교의 성지이다. 세계문화유산이며 중국의 3대 석굴의 하나이다.

세계문화유산인 경주의 석굴암은 석굴사원도 불상도 하나뿐이다. 그런데 막고굴에는 크고 작은 400개가 넘는 석굴사원과 2,400체가 넘는 불상과 4만 5천㎡나 되는 불화가 있다. 불상은 석가여래(부처), 보살, 제자, 천왕, 역사 등이 안치돼있다. 그리고 불화는 석가여래·보살·제자를 그린 「불승화」, 석가의 전생을 그린 「본생도」, 석가의 생애를 그린 「불전도」, 불교의 교리를 압축하여 그림으로 그린 「경변도」 등으로 석굴을 가득 채우고 있다.

둔황이 세계적으로 유명해진 것은 20세기 초, 막고굴을 관리했던 도교의 떠돌이 도사가 우연하게 대량의 경전과 고문서를 발견한 것이 계기가 됐다. 이들 비보秘宝가 영·불·미·일 의 탐험대에 의해 국외에 반출되면서 둔황 막고굴이 전 세계에 알려지게 됐다.

둔황의 막고굴은 오래 동안 굳게 닫혀 있다가 1979년에야 외국인에게 개방됐다. 둔황으로 가는 길을 멀다. 서울에서 둔황까지 거리가 2,000㎞가 훨씬 넘는다. 멀 뿐만 아니라 세계적인 관광지인 데도 국제공항이 없어 서울에서 시안이나 우루무치를 경유해서 가야한다. 옛날에는 시안에서 걸어서 석 달이 걸렸다고 한다. 지금은 비행기와 야간열차를 타고 가는데도 밤낮으로 하루 종일 걸린다.

중국에는 석굴사원이 많다. 다퉁의 원강석굴雲崗石窟을 비롯하여 뤄양의 용문석굴龍門石窟 등에는 많은 한국관광객이 가고 있다. 그렇지만, 아직까지 세계 최대의 석굴 사원인 둔황의 막고굴에는 그리 많지 않다. 둔황은 멀고 교통이 불편한 탓도 있지만, 널리 알지지 않았기 때문이다. 지금은 일본 관광객이 가장 많다. 한국인은 최근에 시안과 우루무치에 직행 항공편이 개설되면서 늘어나고 있다.

막고굴에는 석굴사원이 많지만 관람할 수 있는 굴은 공개굴 30여 개와 특별 관람료를 내고 볼 수 있는 특별 굴 10개 뿐이다. 그나마도 느긋이 혼자 찾아다니면서 불상이나 불화를 감상할 수 있는 것이 아니라 현지 중국인 가이드의 안내로만 관람할 수 있다. 그렇기 때문에 막고굴의 석굴은 어느 정도 사전정보를 습득하고 불교에 대한 예비지식은 있어야 한다.

둔황 여행자를 위해 그동안에 막고굴을 답사하며 모은 자료를 갖고서 둔황·막고굴의 처음 여행자를 위한 아주 초보적인 안내서를 펴냈다. 다만 막고굴은 사진촬영이 금지돼있어 만족스러운 사진을 제공할 수 없는 것이 아쉬움으로 남는다.

2018년 봄 화운禾耘 이태원李泰元

CHAINA

불교의 중국 전래

경극분장을 한 배우

황하문명의 산실 중국

01

오랜 역사 · 넓은 땅 · 풍부한 문물 · 많은 사람

유라시아 대륙의 동쪽 끝에 황하문명이 발상한 나라, 중국이 자리한다. 기원전 3세기 진秦나라의 시황제始皇帝가 중국을 처음 통일한 뒤, 중국은 2,500여 년 동안, 몇몇 고대 왕조를 거쳐 수隋, 당唐, 송宋, 원元, 명明, 청靑나라로 이어져 왔다. 그러다 20세기 초, 청나라를 끝으로 봉건왕조의 중국은 막을 내렸다. 그리고 공화국 시대가 열려 국민당의 국민정부에 이어 1949년에 공산당의 중화인민공화국이 수립돼 오늘에 이른다.

중국의 특징

중국의 특징은 「인구중다人口衆多 · 지대물박地大物博」에 있다. 바꾸어 말하면 중국은 '사람이 많고 땅이 넓으며 문물이 풍부한 나라'이다. 지금의 중국은 세계에서 인구가 가장 많고 경제규모가 미국 다음으로 세계 둘째가는 경제대국이다. 그리고 러시아와 캐나다에 이

계림의 이강

어 세계에서 세 번째로 국토가 넓다.

뿐만 아니라 중국은 세계 4대 고대 문명의 하나인 황하문명의 산실이다. 그리고 한족漢族을 중심으로 55개 소수민족이 공존하는 다민족 국가多民族國家로 중국만의 독창적인 문화를 이루어왔다.

이러한 중국을 상징하는 것이 '공산주의 혁명'을 뜻하는 빨강 바탕에 '광명'을 뜻하는 다섯 개의 노란 별이 빛나는 국기 「오성홍기五星紅旗」이다. 한 개의 큰 별은 한족, 네 개의 작은 별은 대표적 소수민족인 만주족, 몽골족, 위구르족, 티베트족을 가리키며 '모든 중화인민은 단결하자'는 뜻을 담고 있다. 나라 노래는 「의용군 행진곡」이

베이징의 천단

며 나라꽃은 중국인 사이에는 꽃 중의 왕인 「모란」이지만, 중국에는 공식적으로 발표된 나라꽃이 없다.

정식 나라 이름은 중화인민공화국中華人民共和國(People's Republic of China), 줄여서 중국中國(China)이다. 중국이라는 이름은 중화사상中華思想에서 유래됐다. 중화의 중中은 '중심', 화華는 '활짝 핀 문화'를 뜻한다. 즉 중화는 세계의 중심이 중국이며 가장 위대한 역사와 찬란한 문화를 가진 나라를 뜻한다.

국토는 동서로 5,000㎞에 남북으로 5,500㎞로 총면적이 960만㎢에 이른다. 국토의 넓이가 세계 육지 면적의 15분의 1, 아시아의 면

중국의 산맥과 만리장성

적의 4분의 1을 차지하고 있으며 남한의 100배가 된다. 인구는 13억 5천5백만 명으로 세계에서 가장 많다. 중국은 우리나라를 비롯하여 러시아 등 15개 나라와 국경을 맞대고 있다.

중국의 풍토

중국의 지형은 전체적으로 서쪽이 높고 동쪽이 낮다. 국토는 33%의 산지, 26%의 고원, 19%의 분지와 사막, 10%의 구릉, 12%의 평야로 지형이 매우 다양하다. 그러나 땅이 넓은 데 비해 평야가 작다.

대표적 지형으로 히말라야喜马拉雅·천산天山·곤륜崑崙의 3대 산맥, 장강長江·황하黃河·회하淮河의 3대 강, 태산泰山·화산華山·형산衡山의 3대 산, 동북·화북·장강하류長江下流의 3대 평야가 있다. 그리고 파미르波謎羅·티베트西藏·내몽골內蒙古의 3대 고원, 타림塔里木·중가리아準噶爾·사천四川의 3대 분지, 청해青海·파양鄱阳·동정洞庭의 3대 호수, 타클라마칸塔克拉玛干·고비戈壁의 2대 사막이 있다. 그리고 중국은 세계에서 섬이 가장 많은 나라이다. 주변 해역에 약 6,500개의 섬이 있다.

국토가 넓은 중국은 풍토, 기후, 관습에 따라 크게 동북東北, 화

고비 사막

북華北, 화중華中, 화남華南, 서북西北, 서남西南의 6개 지역으로 나뉜다. 동북은 선양瀋陽과 만주 지역, 화북은 베이징北京과 황하유역, 화중은 상하이上海와 장강 하류, 화남은 구이린桂林과 장강 이남 지역, 서북은 실크로드와 사막 지대, 서남은 쓰촨四川과 티베트 고원 지대이다.

지금의 중국은 4개 직할시, 23개 성, 5개 소수민족 자치구, 2개 특별 행정구역으로 구성돼 있으며, 수도는 천년 왕도 베이징이다. 중국의 3대 도시는 중국의 얼굴인 베이징, 중국의 심장인 상하이, 중국인의 마음의 고향인 난징南京이다.

황하

황하는 중국인의 어머니 강이다. 중국의 용마루 청장고원青藏高原에서 시작하여 동으로 5,463㎞를 흘러 발해만으로 들어간다. 중국인은 황하에 물든 황색 피부를 갖고 태어나 황토로 집을 짓고 황하가 만든 황토에서 나는 곡식을 먹으며 살다가 죽어서는 황천黃泉으로 돌아간다고 한다.

중국 전통 가극 경극

중국의 민족·언어·종교

중국은 다민족 국가이다. 그중 92%가 한족이고 그밖에 55개 소수민족이 공존한다. 소수민족의 인구는 1억 2,300만 명이며, 100만 명이 넘는 소수민족이 18개 민족이나 되는데, 장족이 1,671만 명으로 가장 많고 조선족은 192만 명이다. 소수민족 중 인구가 많은 장족壯族, 회족回族, 몽골족蒙古族, 위구르족維吾爾族, 만주족满族, 티베트족藏族, 묘족苗族, 조선족朝鮮族 등은 자치구 또는 자치주에 거주하며 그들의 언어와 문자를 사용하고 전통을 이어가고 있다.

표준 중국어는 베이징어北京語를 중심으로 구성된 중국어인 '한

중국의 반점

어漢語'이다. 세계 사용자가 가장 많은 언어로 전 세계 인구의 약 1/5이 사용하고 있다. 국토가 넓고 인구가 많아 방언도 많지만, 크게 5대 방언으로 나뉜다. 일부 지역의 방언은 표준 중국어와 소통이 안 될 정도로 다르다. 중국의 문자는 현재 쓰고 있는 표의문자表意文字인 한자漢字이다. 다만 1956년부터 일부 한자를 간소화 한 2,225자의 간체자简体字를 정자正字로 정하여 사용하고 있다.

중국에는 국교가 없다. 헌법에 종교의 자유가 규정되어 있다. 도교와 불교는 종교라기보다는 중국인의 생활 전반에 영향을 미치고 있는 문화로 자리 잡고 있다.

중국의 세계유산

중국은 오랜 역사를 가진 만큼 세계유산과 역사적 유적도 많다. 2015년 현재, 중국에는 48곳의 세계유산이 있다. 중국은 이탈리아 다음으로 세계 둘째가는 세계유산 대국이다. 대표적인 세계문화유산으로 베이징의 고궁故宫·이화원頤和園·천단天壇·만리장성万里长城, 시안의 진시황릉秦始皇陵·병마용兵馬俑, 둔황의 막고굴莫高窟, 라사의 포탈라궁布達拉宮 등이 있다. 대표적인 자연유산으로는 쓰촨 성의 구채구九寨溝·황룽黃龍, 후난 성의 무능원武陵源, 푸젠 성의 무이산武夷山 등이 있다. 그리고 대표적인 복합유산으로는 산둥 성의 태산泰山, 안후이 성의 황산黄山, 쓰촨 성의 아미산峨眉山·악산대불楽山大仏 등이 있다.

베이징 자금성의 야경

중국의 10대 풍경 명승风景名勝(국립공원)으로는 만리장성, 구이린의 산수山水, 항저우의 시호西湖, 베이징의 고궁, 쑤저우의 원림园林, 안후이의 황산黄山, 장강의 삼협三峡, 타이완의 일월담日月潭, 청더承德의 피서산장避暑山庄, 시안의 병마용이 있다.

중국의 요리

프랑스 요리, 터키 요리와 함께 중국요리는 세계 3대 요리의 하나다. 중국의 4대 요리는 베이징北京, 광둥廣東, 상하이上海, 쓰촨四川 요리이다. 요리의 종류가 8,000가지, 요리의 식자재가 600가지, 기본 요리 방법이 100가지나 된다.

중국 요리 맛의 지방별 특성은 남담南淡·북함北鹹·동산東酸·서랄西辣이다. 즉 남쪽 지방은 싱겁고, 북쪽 지방은 짜며, 동쪽 지방은 시고, 서쪽 지방은 매운 것이 특징이다. 북쪽과 남쪽 지방의 음식 취향이 우리나라와 반대이다. 중국요리는 맛뿐만 아니라 색과 향, 아름다움도 추구한다.

삼황오제

간추린 중국의 역사

02

한족 중심의 『다민족 국가』를 이룩한 역사

중국의 역사는 전쟁의 역사이다. 5천 년의 오랜 역사를 가졌지만, 중국은 세습 군주제인 봉건왕조의 통일과 분열이 반복되고, 남방의 농경민족과 북방의 기마유목민족의 대립이 계속된 가운데 한족 중심의 「다민족 국가」를 이룩해 오늘에 이른다.

모택동

고대 왕조 시대

고대 4대 문명의 하나인 황하문명黃河文明의 발상지인 중국은 삼황·오제三皇五帝의 전설시대를 거쳐 고대 중국 3대 왕조인 하夏, 은殷, 주周나라의 역사시대가 시작됐다.

기원전 21세기 무렵, 삼황·오제의 마지막 황제 순舜의 뒤를 이어 우禹 왕이 중국 최초의 세습왕조인 하나라(B.C.2070~B.C.1600)를 세웠다. 그 뒤 기원전 17세기 청동기시대에 황하 중류에서 건국한 은나라(B.C.1600~B.C.1046)는 중국 최초의 농업국으로 제정일치의 신권정치를 했으며 한자의 기원이 된 갑골문자甲骨文字를 사용했다.

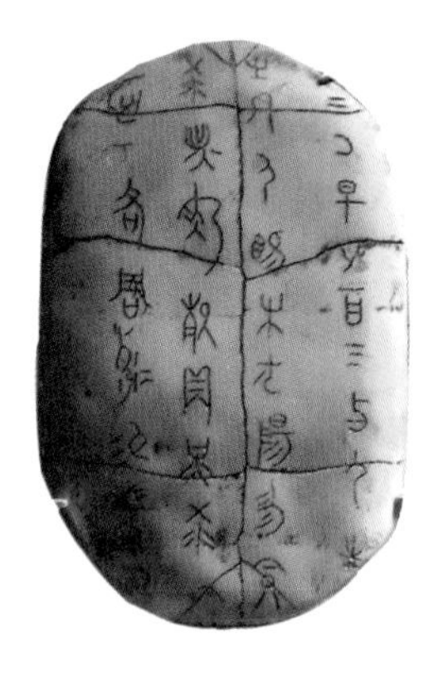

돌에 새긴 갑골문자

기원전 11세기 무렵에는 시안西安 부근에서 건국한 주나라(B.C.1046~B.C.771)가 중국의 새로운 지배자가 됐다. 주나라는 중국 역사상 처음으로 봉건제도를 도입했으며 영토를 황하 지역에서 장강(양자강) 지역까지 확장했다.

춘추전국 시대

고대 중국 3대 왕조에 이어 춘추전국 시대가 시작됐다. 이 시대는 춘추오패春秋五覇의 춘추 시대春秋時代(B.C.770~B.C.403)와 전국칠웅全國七雄의 전국 시대戰國時代(B.C.403~B.C.221)로 여러 나라가 분열돼 전쟁이 끊이지 않았던 혼란의 시대였다. 이 시대는 중국의 사상과 학문의 황금시대로 공자, 노자 등 제자백가諸子百家의 사상이 탄생했다.

제자백가

진의 중국 통일 시대

기원전 221년, 전국칠웅 중 맨 서쪽 변두리에 있던 진秦나라(B.C.221~B.C.206)가 10년이라는 짧은 기간에 전국 시대의 여섯 나라를 모두 정복하고 처음으로 중국을 통일했다. 그리고 중국 지배자의 칭호를 전설상의 지배자 삼황오제에서 '황'과 '제'의 두 글자를 따서 「황제皇帝」라고 했다. 그리고 최초의 황제를 '초대 황제'라는 뜻에서 진나라의 왕을 「시황제始皇帝」라고 불렀다.

진시황제

셴양咸陽에 수도를 둔 진나라는 몽골고원을 차지하고 있던 흉노의 남침을 막기 위해 만리장성을 쌓았고 도량형, 문자, 화폐, 법률, 세금을 통일했다. 종교, 의학, 농업 이외의 책을 모두 불태워 없애고 황제 중심의 강력한 중앙집권 체제를 확립했다.

그러나 지나치게 엄격한 법치주의의 실시로 진나라는 기원전 3세기 초에 건국한지 15년 만에 단명으로 끝났다. 중국을 차이나China라고 부르는 것은 진나라의 진Chin에서 유래됐다고 한다.

한의 서역 개척 시대

한무제

진나라의 뒤를 이어 평민 출신의 고조 유방劉邦이 서초패왕 항우를 이기고 두 번째로 중국을 통일하고 창안長安을 수도로 한漢나라(B.C.206~A.D.220)를 세웠다.

한나라는 무제漢武帝 시대에 처음으로 서역에 진출하여 흉노를 정복하고 실크로드를 개척했다. 말년에 한나라는 환관의 세력 다툼과 「황건적의 난」으로 멸망했다.

삼국·남북조의 분열 시대

한나라가 멸망하자 중국 대륙은 《삼국지》로 잘 알려진 위·촉·오魏蜀吳의 혼란의 삼국 시대가 시작됐다.

4세기 초, 북부 중국이 북방 유목민족에게 지배돼 중국 최초의 이민족 지배 시대인 오호십육국五胡十六國(317~420) 시대가 열렸다. 이후 중국은 위魏나라와 진晉나라가 대립하는 남북조 시대南北朝時代(420~589)가 계속됐다.

위촉오 시대를 나타낸 지도

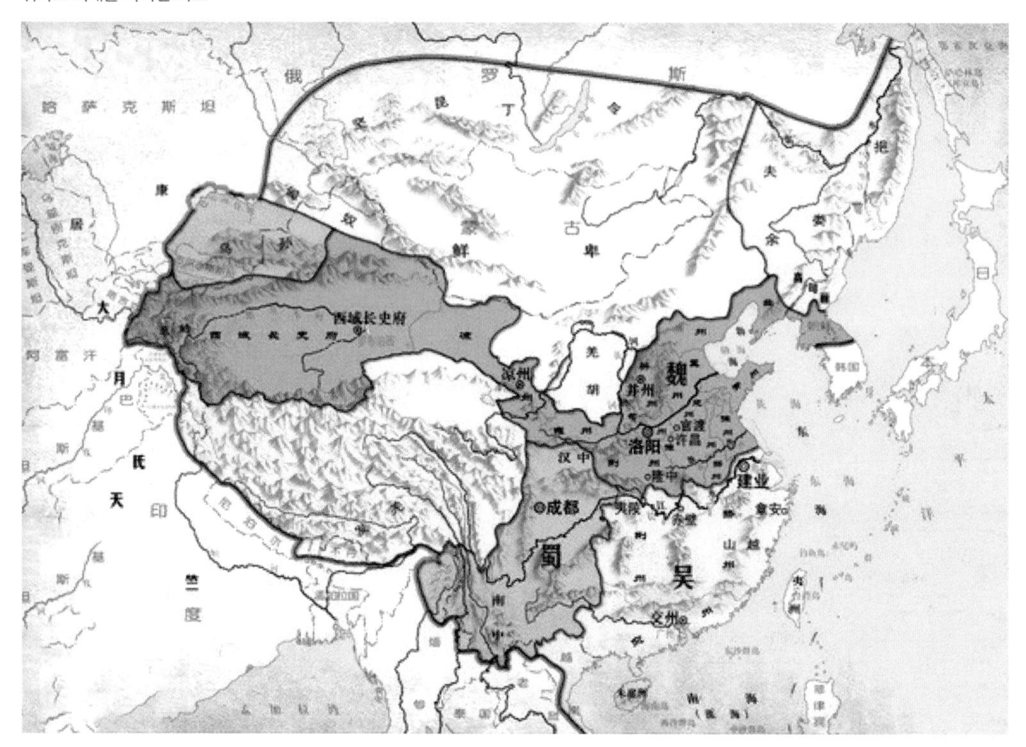

수·당 시대

남북조의 오랜 혼란을 끝내고 6세기 초에 수隨나라(581~618)가 중국을 재통일했다. 창안에 수도를 두고 중앙집권 국가를 확립한 수나라는 과거제의 실시로 인재를 등용했다. 황하와 장강을 잇는 대운하의 건설과 북방 돌궐의 정복으로 영토를 확장했다. 그러나 대대적인 토목공사, 고구려 원정의 실패, 계속된 농민반란으로 수나라는 건국 후 38년 만에 멸망했다.

7세기 초, 수나라에 이어 당고조 이연李淵이 창안에 수도를 두고 당唐나라(618~907)를 세웠다. 당나라는 티베트, 돌궐, 위구르 등 북방 유목민족을 정복하고 서역을 지배하여 영토를 크게 확장했다. 그리고 남쪽 해안지대를 중국 영토로 만들었다. 그리하여 동양의 그리스·로마 제국이라고 일컫는 대당제국大唐帝國을 이루어 정치, 경제, 문화, 사회 전반에 완성된 국가로 발전했다. 특히 동서문화의 활발한 교류로 당 문화는 중국 문화의 황금시대를 이루었고 불교도 크게 성행했다.

당테종

그러나 290년 동안 중국을 지배한 당나라도 당쟁과 말년에 일어난 「안녹산의 난」으로 국력이 극도로 쇠약 해져 멸망했다.

송·원 시대

당나라가 무너진 뒤, 다섯 왕조와 열 나라가 흥망성쇠를 거듭한 오대십국五代十国(907~979)의 분열 시대가 계속됐다. 그러다 10세기 초에 송宋나라(960~1279)가 중국을 재통일하여 지배했다. 송나라 시대에 인쇄술, 화약, 나

원나라 쿠빌라이

침반을 발명했다. 그러나 문관을 우대한 송나라는 군사력이 약해 탕구트 족이 세운 서하西夏에 서역을, 여진족이 세운 금金나라에 화북지방을 빼앗겼다. 송나라는 수도를 카이펑開封에서 항저우杭州로 옮겨갔다. 이때부터 남송이 시작됐다.

송나라에 이어 13세기 말, 칭기즈칸의 손자 쿠빌라이忽必烈가 다두大都(지금의 베이징)를 수도로 원元나라(1271~1368)를 세워 중국 역사상 처음으로 유목민족이 중국을 지배했다. 원나라는 몽골족 우선 정책을 폈다. 14세기 후반, 정치적 부패와 경제적 파탄으로 원나라는 100년을 넘기지 못하고 멸망했다.

청나라 황제
강희재

명·청 시대

원나라에 이어 250년 만에 한족이 명明나라(1368~1644)를 세워 다시 중국을 차지했다. 명나라는 몽골족의 지배로 파괴된 중화中華를 회복하고 한족 문화와 유교전통을 되살렸다. 중화사상을 바탕으로 중국 중심의 국제질서 확립에도 주력했다. 말기에 명나라는 환관의 횡포와 관료의 세력다툼으로 멸망했다.

17세기 후반, 명나라에 이어 만주족이 세운 마지막 봉건왕조 청淸나라(1636~1912)가 중국을 지배했다. 만주족은 한족 전통을

존중하고 한족도 관직에 중용했다. 17세기 말부터 18세기 말까지 강희제, 옹정제, 건륭제가 다스린 130년이 청나라의 전성기였다.

중화민국·중화인민공화국 시대

19세기에 들어와 서구 열강의 침략으로 국력이 쇄약 해진 청나라는 1911년에 신해혁명辛亥革命으로 멸망했다. 그리고 1912년에 아시아 최초의 공화국인 중화민국(1912~1949)이 탄생했다. 수천 년 이어온 세습 봉건 왕조 시대가 막을 내리고 공화정치 시대가 열렸다.

그러나 군벌의 항쟁, 열강의 간섭, 일본의 침략, 만주사변과 만주국의 탄생, 국공내전에서 공산당의 승리로 중화민국은 무너졌다. 그리고 1949년에 공산정권의 중화인민공화국이 수립됐다.

모택동

그 뒤, 중국은 1966년에 시작된 「문화 대혁명」과 1989년의 「천안문 민주화운동」으로 공산정권 체제의 심한 동요를 겪었다. 그러나 개혁·개방정책의 추진으로 이를 극복한 중국은 독자적인 사회주의의 길을 걸으며 착실한 성장을 지속하고 있다.

한나라 무제

중국과 서역

03

흉노의 정벌과 실크로드의 개척

원래 한족의 땅인 중국은 황하 중류의 황토고원과 하류의 황토지구를 합친 중원中原만이었다. 황하 상류에서 서쪽으로 파미르 고원을 넘기 전까지의 땅은 서역西域으로 호지胡地라고 불린 북방 기마유목민족과 소수 이민족의 땅이었다. 파미르 고원 너머는 중앙아시아였다.

서역 소그드상인 당삼채용

'역域'은 '나라'를 뜻한다. 따라서 '서역'이란 '중국의 서쪽에 있는 나라'로 그 지역은 중국이 아니었다. 중국을 처음으로 통일한 진나라의 시황제도 서역은 중국의 세력권 밖이라 해서 다스리지 않고 황하 상류의 동쪽만을 중국으로 다스렸다.

기원전 6세기 무렵, 유라시아 대륙 서쪽의 서아시아 지역에는 이미 파미르 고원에서 그리스를 잇는 길이 개척되어 사람이 오가고 문물의 교류가 있었다. 그러나 유라시아 대륙 동쪽의 서역 지역이나 동·서 사이에는 제대로 된 길이 없어 사람이나 문물의 교류가

파미르고원

거의 없었다. 광대한 죽음의 땅인 타클라마칸 사막과 세계의 지붕 파미르 고원 같은 자연적 장애물이 교류를 막고 있었다.

기원전 1세기까지 서역을 지배한 것은 흉노匈奴를 비롯한 북방 기마유목민족과 서역 36국의 소수민족이었다. 호족胡族이라고 불린 이들 이민족이 지배한 서역은 지리적으로 중국 서쪽 변방의 황량한 사막 지대였다. 더욱이 농경민족인 한족이 지배한 중국과는 다른 나라였으며 문화적으로도 중국보다 중앙아시아에 더 가까웠다.

한나라의 서역 진출

장건이
제를 올리는 장면

진나라의 시황제는 중원을 위협하는 북방의 흉노를 방어하기 위해 장성을 쌓았다. 한나라의 유방은 흉노를 정벌하려 했다가 실패하고 굴욕적인 강화조약을 맺고 해마다 조공을 바쳤다.

한나라 무제는 흉노의 침공에 대항하기 위해 국력을 강화하고 장성을 재정비했다. 기원전 2세기 초, 한나라는 흉노를 협공하기 위해 장건張騫을 월지月氏에 보내 동맹을 맺으려 했다. 그러나 장건은 동맹을 맺는 데 실패하고 13년 만에 돌아왔다.

이때 장건은 미지의 땅이었던 서역의 지리, 소수민족, 특산물 등에 관한 많은 자료와 정보를 가져왔다. 이것을 기초로 한나라는 서역의 유목국가들과 교류하기 시작했다. 그 뒤 한나라는 서역에 진출했고 실크로드를 개척했다.

중국의 서역 지배

중국이 처음으로 서역에 진출한 것은 기원전 2세기 초의 한나라 시대였다. 한나라는 하서 지방의 우웨이武威, 주취엔酒泉, 장예張掖, 둔황敦煌에 직할 하서 사군河西四郡을 설치하고 타림분지 주변의 소수민족 국가들을 다스렸다. 이어서 기원전 1세기 초에 흉노와 대완을 정복한 한나라는 구자龜玆(지금의 쿠처)에 서역 도호부西域都護府를 설치하여 본격적으로 실크로드를 개척하고 서역을 다스렸다.

3세기 초에 한나라가 멸망하자 서역에 대한 중국의 지배가 약해졌다. 그리하여 흉노, 선비鮮卑에 이어 5세기에는 몽골계의 유목민족 유연柔然, 6세기에는 튀르크족의 돌궐突厥이 서역을 지배했다.

7세기에 당나라가 천산 산맥의 동부를 지배하고 있던 돌궐을 정복하면서 중국의 서역 지배가 강화됐다. 당나라는 북정 도호부北庭都護府를 설치했고 뒤이어 투루판의 고창국을 정복하고 안서 도호부安西都護府를 설치했다. 그리고 구자를 정복하고 안서 도호부를 그곳으로 옮겨 카슈가르, 허텐和田을 비롯하여 타림분지 일대를 지배했다. 당나라 시대에 실크로드가 가장 번성했으며 창안도 크게 번영했다.

당나라에 이어 8세기에 티베트, 9세기에 튀르크계의 위구르족이 서역을 지배했다. 이때부터 불교 지역이었던 서역이 이슬람화 되기 시작됐다. 그 뒤 서역은 12세기에 서요西遼, 13세기에 몽골, 16세기에 야르칸드, 17세기에 중가르 왕국이 지배했다.

당나라 이후 이민족이 지배했던 서역을 중국이 다시 지배한 것은 청나라 시대였다. 유목 왕국인 중가르 왕국을 멸망시킨 청나라

옛 그림-실크로드 대상행렬

는 18세기 후반에 서역을 완전히 정복하고 지배했다. 이때부터 '무슬림의 땅'을 뜻하는 「호이세 제첸Hoise jecen(회장回疆)」이라고 불렸던 서역이 '새로운 땅'을 뜻하는 「이체 제첸Ice jecen(신장新疆)」으로 바뀌었다. 그리고 1884년에 신장 성新疆省이 설립됐고 1955년에 신장 위구르 자치구가 됐다.

지금의 서역

중국 실크로드의 땅인 서역은 지금은 신장 위구르 자치구新疆維吾爾自治区가 돼있다. 청나라가 지배하기 이전의 서역은 튀르크족이 많

다양한 스카프

아 전통적으로 페르시아 말로 「튀르크인(터키인)의 땅」을 뜻하는 투르키스탄Turkistan이라고 불렀다. 특히 신장 위구르 자치구가 차지하고 있는 천산 산맥의 동쪽 땅은 동 투르키스탄이라고 했으며 중앙아시아 문화권에 속했다.

신장 위구르 자치구

신장 위구르 자치구의 면적은 165만㎢이다. 중국의 성 중에서 가장 크며 국토의 6분의 1, 한반도의 7배나 되는 넓은 지역을 차지하고 있다. 다만 면적의 4분의 1이 사막이다.

신장 위구르 자치구는 동으로 기련 산맥, 북으로 천산 산맥, 남으로 곤륜 산맥, 서로 파미르 고원이 둘러싸고 있다. 그 중심에 '들어가면 나올 수 없다'는 타클라마칸 사막이 있다. 그리고 인도, 파키스탄, 아프가니스탄, 타지키스탄, 키르기스, 카자흐스탄, 러시아, 몽골의 여덟 나라와 국경을 맞대고 있다.

신장 위구르 자치구는 한족, 카자흐족, 키르기스족, 만주족, 몽골족, 회족 등 12개 민족이 공존하는 다민족 지역多民族地域이다. 그 중 위구르인이 약 900만 명으로 가장 많다.

위구르인은 튀르크계 민족으로 위구르어를 사용하고 이슬람교를 신앙한다. 도시의 중심에는 수백 년의 역사를 가진 모스크가 있다. 그들은 하루 다섯 번 예배를 본다. 그리고 돼지고기는 먹지 않는다. 위구르인은 남자는 창이 없는 이슬람 전통 남성용 모자를 쓰고 여자는 여러 색깔의 스카프를 머리에 두르고 있다.

전통적인 불화

불교의 중국 전래

04

불교의 탄생·전래·번영

한나라의 서역 지배가 시작된 뒤, 개척된 실크로드는 비단을 비롯하여 동·서 특산물의 교역로로 발전했다. 뿐만 아니라 실크로드를 통해 동·서문화의 교류가 활발히 이루어졌다. 그리고 기원전 5세기 무렵, 인도에서 발상한 불교가 중앙아시아와 서역을 거쳐 1세기 무렵에 중국으로 들어왔다.

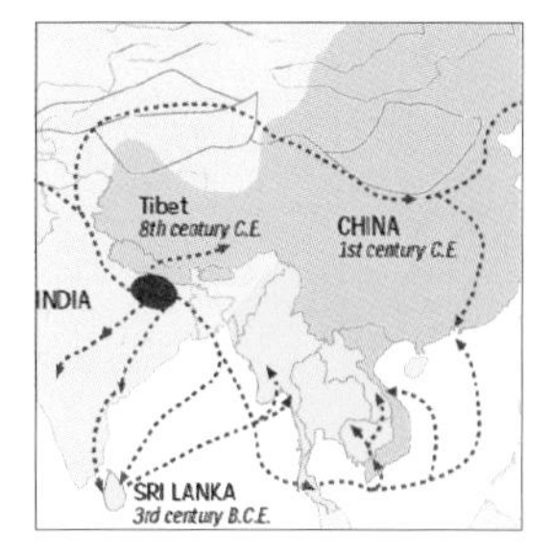

불교의 전래

불교의 탄생

불교는 '석가의 가르침'에서 시작된 종교이다. 석가는 인도의 지방 부족인 석가족釋迦族의 왕자인 고타마 싯다르타悉達多喬達摩라는 이름의 실존 인물이다. 원래 인간이었던 석가는 깨달음의 경지에 이르러 부처가 된 존재이다.

「석가모니釋迦牟尼」의 석가는 부족의 이름으로 '능력 있고 어질다'라는 뜻이고 모니는 '성자'라는 뜻이다. 즉 「석가모니불釋迦牟尼佛」이

보리수아래서 석가

란 '석가족에서 나온 성자'라는 뜻이며 부처佛는 '진리를 깨달은 사람正覺者'을 뜻한다. 「석가모니」의 다른 호칭으로 세존世尊·석존釋尊·부타佛陀·여래如來 등이 있다.

천상천하 유아독존

석가는 옛 인도의 카필라 왕국(지금의 네팔)의 성주인 아버지 슈도다나 왕淨飯王과 어머니 마야부인摩耶夫人 사이에서 태어난 왕자이다. 흰 코끼리白象를 타고 마야부인의 태내로 들어간 석가는 4월 8일, 달 밝은 밤에 무우수無憂樹 꽃이 핀 룸비니Lumbini 화원에서 태어났다. 석가는 태어나면서 오른손은 하늘을, 왼손은 땅을 가리키며 연꽃蓮華 위를 일곱 걸음 걸으면서 「천상천하 유아독존天上天下唯我獨尊」이라고 외쳤다.

석존의 탄생

이렇게 태어난 싯다르타는 왕자로서 유복한 생활을 보냈다. 그러나 자라면서 성 밖을 나갈 때마다 인간의 삶이 생·노·병·사生老病死의 고통이라는 것을 알게 됐다. 인간의 근원적인 고뇌를 해결하기 위해 싯다르타는 29살 때 출가하여 왕궁을 떠나 수행과 고행을 계속했다. 그러다 35살 때 부다가야Buddha Gaya의 보리수菩提樹 밑에서 부처가 되기 위해 마음을 닦는 수행, 선정禅定에 들어간 석가는 큰 깨달음을 얻었다. 이것을 항마성도降魔成道라고 하며 부처가 탄생한 순간이다. 그 뒤, 쿠시나가라Kuśinagara에서 80살에 입멸할 때까지 45년 동안 석가는 불교 전도 여행을 계속했다.

불상이 없는 시대

석가의 입멸 뒤, 약 400년 동안은 석가를 모방한 불상佛像이나 불화佛畵가 없었다. 1세기 무렵에 이르러서야 예배의 대상으로 석가를

뤄양의 용문석굴

모방한 불상이 생겼다. 그때까지는 불상이 없는 「무불상 시대無佛像時代」였다.

불사리佛舍利라고 불린 석가의 유골遺骨이나 스투파Stupa라고 불린 불사리를 보전하고 있는 불탑仏塔이 숭배의 대상이었다. 그러다 1세기 후반에 헬레니즘 문명의 영향을 받아 북서 인도의 간다라 지방에서 성행한 그리스나 로마의 신상神像 조각처럼 신앙의 대상으로 석가의 모습을 모방한 불상이 탄생했다.

불교의 중국 전래

불교는 기원전 3세기 초부터 인도 주변의 여러 나라로 전파됐다. 중국에는 1세기 무렵 한나라 명제明帝 시대에 실크로드를 통해 서역을 거쳐 전래됐다. 실크로드를 통해 서역에 들어온 불교는 서역의 구이즈, 허톈, 투루판, 그리고 둔황 등 하서회랑을 거쳐 중국의 창안에 들어와 크게 번창했다.

명제 시대에 뤄양洛陽 교외에 중국 최초의 불교사원 백마사白馬寺가 건립됐다. 불교 경전은 3세기 서진西晉 시대에 중국에 들어왔다. 중국에 불교가 들어왔으나 그 당시에 이미 도교道教나 유교儒教가 성행하고 있어 다른 나라의 종교를 받아들이는 데 오랜 시간이 걸렸다. 당나라 시대가 중국 불교의 전성기였다.

부처와 승려들

극락세계를 그린 막고굴 불화

불교미술의 번영

불교는 원래 윤회輪迴로부터 해탈解脫하기 위해 엄격한 계율에 따라 고행苦行을 수행하는 종교였다. 그러나 점차 원시 불교가 중생구제의 종교로 발전하면서 널리 전파되고 신도도 늘어났다. 그러자 실크로드 주변의 오아시스 도시들에 불교사원이 건립됐다. 사리나 탑 대신에 석가의 모습을 모방한 석가 불상釋迦佛像이 신앙의 대상이 됐고 불상과 함께 불화가 널리 성행했다. 뿐만 아니라 인도에서 시작된 석굴에 불상을 세우고 불화를 장식하는 석굴사원이 4세기 무렵부터 중앙아시아와 서역을 거쳐 전파되어, 실크로드의 오아시스 도시들의 산비탈이나 절벽을 깎아 많은 석굴을 만드는 천불동千佛洞이 조성됐다. 그중 가장 유명한 것이 둔황의 막고굴莫高窟이다.
그 밖에도 둔황 근처의 유림굴榆林窟, 쿠처 교외의 키질 천불동克孜尔千佛洞, 투루판 교외의 베제클리크 천불동柏孜克里克千佛洞이 지금까지 사막 속에 남아있다.

승려들은 불교의 경전을 현지어로 번역하여 불교를 전파했다. 최초로 경전을 중국어로 번역한 것은 서진 시대의 둔황 출신의 승려 축법호竺法護(239~316)였다. 남북조 시대에 쿠처 출신으로 현장玄奘, 구라나타拘羅那陀와 함께 중국 3대 불경 번역가의 하나인 구마라습鳩摩羅什(344~413)은 《대품경大品經》, 《법문경法門經》, 《유마힐경維摩詰經》, 《아미타경阿弥陀經》을 비롯하여 384권의 경전을 번역했다.

SILK ROAD

부처가 온 길 실크로드

실크로드의 탄생

05

유라시아의 동·서를 잇는 옛 길

실크로드하면 죽음의 사막 타클라마칸, 만년설산 준령의 천산 산맥, 세계의 지붕 파미르 고원, 불타는 듯한 화염산과 서유기의 손오공, 소수민족의 화려한 민족의상, 빙글빙글 돌며 춤추는 호선무胡旋舞, 석양에 붉게 물든 사막의 대상隊商들의 낙타 행렬, 밤하늘에 펼쳐지는 사막의 별들의 향연, 사막 속의 불교화랑 막고굴 같은 신비롭고 다양한 이미지가 떠오른다.

실크로드란

기원 전후에 개척된 유라시아 대륙의 동·서를 잇는 옛길을 통틀어서 「실크로드Silk Road」라고 한다. 실크로드는 중국 창안(지금의 시안)에서 시작하여 서역과 중앙아시아를 거쳐 서아시아의 콘스탄티노플(지금의 이스탄불)을 지나 지중해 연안의 로마에 이르는 길이다. 그 거리가 6,400㎞였으며 한번 왕복하는데 약 3년이 걸렸다.

실크로드는 「역사의 길」이다. 이 옛길을 통해 알렉산더 대왕의 동방원정, 칭기즈칸의 유럽 원정, 훈족(흉노)의 민족 대이동이 이루어졌다. 그밖에 실크로드를 중심으로 여러 소수민족의 흥망이 거듭됐고, 이 옛길을 통해 이탈리아의 상인 마르코 폴로, 당나라의 삼장법사 현장, 신라의 혜초 등 많은 역사적 인물들이 동·서양을 오갔다.

실크로드는 「교역의 길」이다. 이 옛길을 통해 동·서양의 특산물의 교역이 이루어졌다. 실크로드를 통해 동양에서는 비단을 비롯하여 보석, 도자기, 칠기, 향료, 차, 그리고 양잠·화약·종이 만드는 기술이 서양으로 건너갔다. 서양에서는 보석, 은제품, 거울, 융단, 목화, 호두, 후추, 호마(깨), 포도, 그리고 유리 만드는 기술이 동양으로 들어왔다.

실크로드는 「문화의 길」이다. 이 옛길을 통해 동·서양의 사상, 예술, 과학, 문학, 언어 등의 다양한 문화가 교류됐다.

실크로드는 「종교의 길」이었다. 이 옛길을 통해 불교를 비롯하여 여러 종교가 전파됐다. 기원 전후에 인도의 불교, 5세기에 이란의 조로아스터교[1]Zoroastianism(배화교拜火教), 7세기에 네스토리우스파 기독교Nestorianism(경교景教)가 중국으로 들어왔다.

특히 실크로드는 「부처의 길」이었다. 이 옛길을 통해 3세기 무렵에 인도의 승려들은 중국에 불경과 불상佛像을 들여왔고 중국의 승려들은 인도로 구법순례 여행을 다녀왔다.

---

1) 기원전 6세기경 조로아스타가 창시한 일신교.

실크로드란 이름의 유래

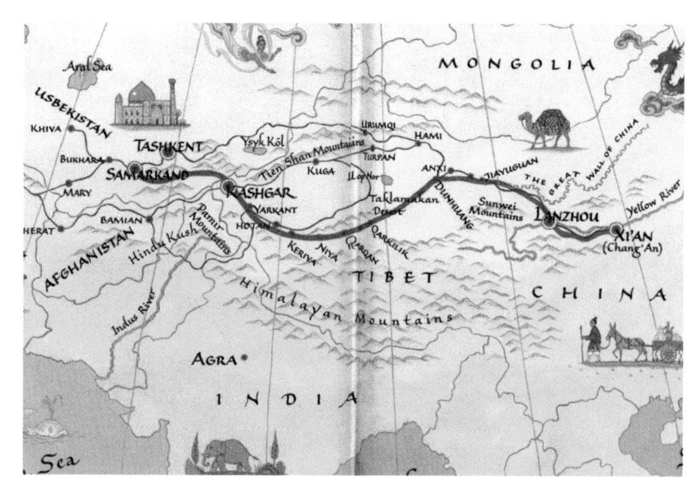

지도 실크로드-사막의 길

유라시아 대륙의 동·서양을 잇는 이 옛길은 오랜 예로부터 있었다. 그러나 우리말로 「비단길」, 중국말로 「사주지로絲綢之路」, 영어로 「실크로드」 라는 로맨틱하고 매력이 넘치는 이름이 생긴 것은 130여 년 전인 19세기 말이었다. 1877년에 독일의 지리학자 리히트호펜Ferdinand von Ricgthoen(1833~1905)이 쓴 역사책 《히나China(중국)》에서 처음으로 실크로드라는 이름을 사용했다.

그는 동·서양을 잇는 이 옛 길이 '비단이 지나간 길'이라 해서 독일어로 「자이덴슈트라센 Seidenstrassen」이라고 한 것이 유래가 돼 실크로드라는 이름이 탄생했다. 독일어로 '비단'은 자이덴Seiden, '길'은 슈트라센Strassen이다. 이것이 영어로 바뀌면서 실크로드가 됐다.

실크로드라는 이름의 유래가 된 비단은 양잠養蚕의 발상지인 중국이 원산지로 누에고치에서 뽑아낸 실로 짠 동양의 신비로운 옷감이다. 기원전부터 대상들이 중국에서부터 낙타에 비단을 싣고 이 옛길을 통해 로마를 비롯하여 서양의 곳곳에 실어 날랐다. 절세미인 클레오파트라도, 고대 로마의 황제나 귀족들도, 모두 동양에서 온 부드럽고 가벼운 비단을 애용했다.

실크로드-천산북로

동서양을 잇는 세 갈래 길

06

초원·사막·바다의 길

실크로드는 「초원의 길」, 「사막의 길」, 「바다의 길」- 이렇게 세 갈래 길이 있었다. 「초원의 길」은 유라시아 대륙의 북부 초원지대를 말로, 「사막의 길」은 그 남쪽 사막의 오아시스 지대를 낙타로, 「바다의 길」은 아시아 대륙의 남부 해안을 배로 잇는 길이었다.

마르코 폴로

가장 오래된 「초원의 길」

유라시아 대륙의 북부에 북극해 연안을 따라 불모의 땅 툰드라(동토) 지대와 광대한 타이가(침엽수림) 지대가 동서로 길게 펼쳐있다. 그리고 그 남쪽에 북위 50도 선을 중심으로 남북 5도의 폭으로 온대 초원지대인 스텝 지대가 동서로 뻗어있다. 이 지대를 동서로 잇는 길이 실크로드의 「초원의 길Steppe road」이다.

「초원의 길」은 실크로드 중에서 가장 오래된 길이다. 실크로드

초원의 길

의 동쪽 기점인 중국 화북의 창안에서 북으로 올라가 몽골과 시베리아 남쪽의 초원 지대를 거친다. 그리고 알타이 산맥의 남쪽 기슭과 천산 산맥의 북쪽 사이에 있는 중가르 분지를 지나 흑해에 이르는 길이다.

「초원의 길」은 북방 초원 지대에서 활약한 최초의 이란계 기마유목민족인 스키타이족Scythaian이 기원전 8세기부터 기원전 3세기까지 흑해에서 우랄 산맥을 횡단하여 알타이와 동방 교역을 할 때 개척한 길이다. 그 뒤 14세기까지 이 길은 흉노·선비·유연·돌궐·위구르·거란·몽골 등 북방 기마유목민족이 지배했고 교역과 정복

활동에 이용했다. 13~14세기의 몽골제국 시대가 「초원의 길」의 전성기였다.

이 옛길은 높은 산이 없어 낙타가 아니라 말을 이용하여 오갔다. 이 길은 4세기에 흉노匈奴(훈족)가 동유럽까지 서진西進할 때 이용한 민족 대이동의 길이었다. 10세기에 이슬람화 된 돌궐족이 이 길을 통해 서아시아에 진출했고 13세기에 칭기즈칸이 동유럽에 진출했다. 이 「초원의 길」을 따라 이탈리아 상인 마르코 폴로가 중국의 창안까지 가는데 이용했고 동방견문록을 남겼다.

몽골제국이 멸망한 뒤, 이 옛길은 쇠퇴했다. 그러나 16세기 후반에 러시아의 시베리아 진출로 다시 활기를 띠었다. 시베리아에서 생산된 모피가 이 길을 통해 교역돼 「모피의 길」이라고도 불리었다.

가장 험했던 「사막의 길」

유라시아 대륙의 중앙, 북위 30도 부근은 고비와 타클라마칸이 자리하고 있는 광대한 사막지대이다. 사막의 곳곳에 주변의 높은 산맥으로부터 만년설이 녹은 물로 형성된 오아시스들이 널려있었다. 사막을 따라 이들 오아시스를 잇는 길이 「사막의 길Oasis road」이다.

「사막의 길」은 창안을 출발하여 고비 사막과 기련 산맥의 사이에 있는 하서회랑河西回廊[2], 그리고 타리목 분지塔里木盆地[3]의 타클라

---

2) 란저우로부터 둔황까지 약 5천 리에 이르는 고비 사막과 기련산맥 사이에 있는 고원지대를 관통하는 길이다. 하서회랑의 서쪽이 서역西域이다.

3) 타림분지는 중국 신장 서쪽에 있는 분지로 북은 천산 산맥, 남은 곤륜 산맥, 서는 파미르 고원에 에워싸여 있다. 그 중앙에 타클라마칸 사막이 있다.

마칸 사막을 거쳐 파미르 고원[4]과 이란 고원을 넘어 지중해의 동안에 이른다.

기원전 4세기 후반에 알렉산더 대왕의 동방원정東征, 기원전 2세기 후반의 한나라 무제의 서역 진출, 7세기 당나라의 서역 지배가 이 길을 통해 이루어졌다. 타리목 분지 주변의 오아시스 지대에는 예로부터 많은 소수민족이 세운 도시국가들이 번성했다. 대표적 소수민족으로 실크로드의 호상胡商, 이란계의 소그드 상인Sogdiana Merchants을 들 수 있다. 동·서양의 교역으로 발달한 이 「사막의 길」을 통해 중국의 비단이 서양으로 실려 갔다. 또한 헬레니즘 문화나 아랍 문화가 동양으로 건너왔고 인도의 불교가 중국으로 전래됐다. 이 옛길은 실크로드 중에서 가장 많이 이용된 길로 일반적으로 실크로드라고 하면 이 「사막의 길」을 가리킨다. 「사막의 길」은 중국의 시안을 출발하여 란저우蘭州에서 황하를 건너 하서회랑을 지나 둔황에 이른다. 둔황까지는 외길로 오다가 둔황에서부터 천산북로天山北路, 천산남로天山南路, 서역남도西域南道의 세 갈래로 갈라진다.

천산북로는 둔황에서 북으로 가서 하미哈密를 지나 천산 산맥의 북쪽 기슭의 고원지대를 거친다. 그리고 투루판과 우루무치烏魯木斉를 지나 서西 토르키스탄에 이른다. 거기서 남으로 가면 천산남로, 북으로 가면 「초원의 길」에 합류한다.

---

4) 파미르는 옛 페르시아 말로 '미트라(태양신)의 자리'를 뜻한다.

사막의 길

천산남로는 둔황의 옥문관玉門關을 출발하여 하미를 지나 투루판에서 천산 산맥의 남쪽 기슭과 곤륜 산맥 사이에 있는 타클라마칸 사막을 횡단하여 러우란樓蘭, 쿠처庫車, 중국 실크로드의 맨 서쪽 끝인 카슈가르喀什에 이르는 길이다. 천산남로는 카슈가르에서 파미르 고원을 넘어 페르가나[5]에 이르면 길이 둘로 갈라진다. 하나는 카스피 해의 북쪽을 지나 유럽으로 통하고 다른 하나는 실

5) 페르가나Fergana는 우즈베키스탄의 동부에 있는 도시로 명마 한혈마汗血馬의 산지로 유명하다.

크로드의 교역의 십자로 사마르칸트Samarkand를 경유하여 서역남도에 합류한다.

서역남도는 둔황의 양관陽關에서 타클라마칸 사막의 남쪽과 곤륜 산맥의 북쪽 기슭을 지나 미란米蘭-허텐-야르칸드莎車를 거쳐 카슈가르에서 천산남로와 합친다. 이 길은 카슈가르에서 파미르 고원을 넘어 와카회랑[6]을 지나 인도로 가는 길과 이란을 거쳐 로마로 가는 길로 갈라진다.

서역남도의 길은 험했다. 그렇지만, 실크로드 중에서 가장 짧아 가장 많이 이용한 길이었다. 7세기에 당나라의 현장과 8세기에 신라의 혜초가 인도에서 당나라로 돌아올 때 그리고 13세기에 마르코 폴로가 원나라를 방문했을 때 이 길을 이용했다. 지금의 G315 국도国道인 청신공로青新公路는 거의 서역남도를 따라 건설된 것이다.

실크로드의 새로운 길-「바다의 길」

중국 남부에서 시작하여 멀리 지중해와 아프리카 동부 연안을 잇는 길이 실크로드의「바다의 길Sea route」이다. 이 길은 배로 중국의 남부 해안을 출발하여 인도차이나 해, 인도양과 페르시아 만을 경유하여 아라비아 반도에 다다른다. 이 길은 계절풍을 이용한 항해술이 발달하면서 개척된 길로 로마시대부터 있었으나 조선, 항해기술의 진보로 16세기에 유럽에서 시작된 대항해시대大航海時代 이후 활발해졌다. 사막의 길은 한번 왕복하는데 몇 년이 걸렸지만, 바

6) 와카회랑(Wakhan Corridor)은 아프카니스탄의 북동에 있는 회랑이다.

바다의 길

다의 길은 몇 개월밖에 안 걸렸다. 그리고 많은 짐을 싣고 왕래할 수 있었다.

송나라와 원나라 시대부터 「바다의 길」이 열려 왕성해지면서 「사막의 길」은 점차 대상들의 왕래가 끊겨 쇠퇴했다. 「바다의 길」을 따라 도자기를 비롯하여 향신료, 차茶가 교역됐다. 이 길을 통해 동남아시아 지역에 소승불교와 이슬람교가 전파됐다. 혜초가 인도로 갈 때, 마르코 폴로가 베네치아로 돌아갈 때 이용했던 길이기도 하다.

사천성에 있는 석불

실크로드의 역사적 유산

07

실크로드의 역할·유산·인물들

실크로드는 역사가 오래다. 뿐만 아니라 거리가 길고 대상지역이 넓다. 그만큼 실크로드에는 오아시스 도시 유적, 고성·궁전 유적, 장성·봉화대 유적, 옛무덤, 석굴사원 천불동 등의 역사적 유적이 곳곳에 많이 남아있다. 그중에는 세계문화유산이 22곳, 국가급 문화재가 14곳, 성급 문화재가 154곳이나 된다.

「초원의 길」에는 초원 석인상草原石人像[7], 천산북로에는 당나라 시대의 북정 도호부 유적인 북정 고성, 청나라가 신장을 통일한 후 이닝伊寧에 세운 혜원고성惠遠古城, 칭기즈칸의 7대 티무르 칸의 무덤 등이 남아있다.

7) 중앙아시아의 투르크계 민족들 사이의 풍습으로 초원에 돌로 사람을 만들어 세운 석조 유물로 제주도 돌하르방의 원형이라고 함.

천산남로에는 투루판 교외에 교하고성交河故城·고창고성高昌故城·베제클리크 천불동·소공탑·아스타나 고분阿斯塔那古墳, 쿠처의 키질 천불동·쿠무투라 천불동·스바시 고성蘇巴什古城이 남아있다. 서역남도에는 누란의 소하 묘 유적小河墓遺跡·니야 유적·타슈쿠르간의 석두성 유적石頭城遺跡[8], 카슈가르에 에이티 가르 사원·향비 무덤이 남아있다.

실크로드와 세계유산

2014년에 유네스코는 유라시아 대륙의 동·서 교류에 역사적으로 중요한 역할을 한 중국 실크로드의 오아시스 도시 유적, 궁전 유적, 불교사원, 옛무덤 등 22곳을 모두 유네스코의 세계유산으로 지정했다. 거리가 8,700㎞에 이르는 세계 최대의 세계유산이다.

황제 관련 유적으로 중국 역사상 여러 왕조의 수도였던 하나라와 위나라 시대의 한위낙양성 유적漢魏洛陽城遺跡, 수나라와 당나라 시대의 수당낙양성정정문 유적隋唐洛陽城定鼎門遺跡, 한나라 황제의 궁전이었던 한장안성미앙궁 유적漢長安城未央宮遺跡, 당나라 시대의 궁전인 장안성대명궁 유적長安城大明宮遺跡, 불교문화 유적으로 당나라의 삼장법사 현장과 의정 등이 인도로부터 가져온 불교의 경전과 불상을 보존하기 위해 세운 시안의 대안탑·소안탑·흥교사탑, 석굴사원 유적으로 중국 최대의 석굴사원인 둔황의 막고굴莫高窟, 중국 4대 석

---

8) 1500년 전에 디지크인의 왕국이 건립한 파미르 고원 동쪽 끝의 중국과 파키스탄의 접견지역에 자리한 해발 3,200m의 고원도시.

실크로드의 백미
둔황의 막고굴

굴의 하나인 톈수이의 맥적산석굴麦積山石窟, 황하유역의 절벽에 만든 란저우의 병령사석굴炳霊寺石窟, 뤄양의 용문석굴龍門石窟, 중국에서 가장 일찍 만든 쿠처의 키질석굴사원이 있다.

고성유적으로 투루판의 화염산火焔山 남쪽 기슭의 고대 고창국의 왕성王城 고창고성, 세계에서 가장 크고 오래된 흙을 쌓아 만든 도시유적 교하고성, 서역을 다스리기 위해 당나라가 설치한 북정고성北庭故城, 실크로드의 중요한 관소関所 양관과 옥문관 등이 있다.

실크로드에 이름을 남긴 고승들

08

실크로드를 횡단한 아시아의 콜럼버스

문물교류와 문화교류의 길이었던 실크로드는 인도에서 시작한 불교가 서역을 거쳐 중국으로 들어온 「불교 전래의 길」이었다. 또한 중국 승려의 인도로 구법순례 여행을 할 때 이용했던 「구도求道의 길」이기도 했다.

의정

기원전 4세기 알렉산더 대왕, 기원전 2세기 초 한나라의 사신 장권, 13세기 초 몽골의 칭기즈칸, 13세기 말 이탈리아 상인 마르코 폴로Marco Polo, 14세기 초 모로코 여행가 이븐 바투타Ibn Battuta 등 문물 교역이나 문화 교류나 무력 정복을 위한 원정을 위해 실크로드를 오가며 역사에 이름을 남긴 인물들이 많다. 그렇지만, 인도로 불교의 구법순례 여행을 위해 실크로드를 오간 중국의 승려들도 많았다. 그중 대표적 승려로 5세기 초 동진의 고승 법현, 7세기 무렵 당나라의 삼장법사 현장, 8세기 무렵 신라의 혜초를 들 수 있다.

법현과 실크로드

중국의 승려 중에서 제일 먼저 천축(인도)을 다녀온 것은 동진東晋의 고승 법현法顯(337~442)이었다. 4세기 말에 그는 60여 세의 고령인데도 창안을 출발하여 둔황과 서역을 거쳐 히말라야 산맥을 넘어 북인도로 구법 여행을 갔다. 인도 각지에 있는 불교 유적을 순례 여행한 그는 6년 동안 인도에 머문 뒤, 불교 경전을 갖고 돌아왔다.

법현은 중국과 인도 교류의 기반을 닦았으며 63권의 불교 경전을 한문으로 번역했고 여행기 《법현전法顯伝》을 남겼다.

아소카 궁앞
법현

현장과 실크로드

한나라 말에 실크로드를 통해 중국으로 들어온 불교는 당나라 시대가 전성기였다. 이때 많은 불교 승려들이 실크로드를 통해 인도로 구법순례 여행을 다녀왔다. 대표적인 것이 불교의 성전인 경장經藏·율장律藏·논장論藏에 정통해 삼장법사三藏法師라고 불린 당나라 고승 현장玄奘(602~664)[9]이었다.

7세기 초에 현장은 인도로 구법순례 여행을 떠났다. 갈 때는 둔황의 옥문관을 지나 천산 산맥을 넘어 지금의 키르기스스탄과 파키스탄을 거쳐 인도로 갔다. 그는 간다라를 비롯하여 인도 각지의 석가 유적을 순례하고 날란다에서 불교 공부를 했다. 그는 17년 만에 카슈가르와 허텐을 거치고 타클라마칸 사막을 횡단하는 서역 남도를 통해 돌아왔다. 이때 그는 인도로부터 657권의 불교 경전과 8체의 불상, 150개 사리를 가져왔다.

귀국 뒤, 그는 63세에 입적할 때까지 창안의 자은사에서 불경을 번역했다. 중국 불교 경전의 번역자인 축법호, 구마라습, 의정 등이 번역한 불경이 1,222권인데 현장 혼자서 번역한 불경이 1,347권에 이른다. 또한 그는 실크로드를 통해 다녀온 인도를 비롯하여 중앙아시아와 서역의 138개

삼장법사현장

9) 629년 창안을 출발하여 투루판, 바미얀(아프가니스탄), 간다라(파키스탄)를 거쳐 천축(인도)에 갔다. 16년 뒤인 645년에 150개의 불사리, 8체의 불상, 657권의 경전을 갖고 창안으로 돌아왔다. 저서로 《대당서역기大唐西域記》가 있다.

도시 국가의 지리, 제도, 교통, 풍습, 산물, 정치, 문화에 관해 기술한 견문록《대당 서역기大唐西域記》를 남겼다.

시안에서 남으로 20㎞, 진령산맥 동남에 있는 종남산終南山 기슭의 흥교사興敎寺에 현장의 유골(사리)를 모신 5층의 현장삼장사리 탑이 있다.

의정과 실크로드

현장에 이어서 산둥 성 출신의 당나라 고승 의정義淨(635~713)은 광주로부터 바다 길을 이용하여 인도로 갔다. 25년 동안에 30여 나라를 순례하고 695년에 뤄양으로 돌아왔다. 귀국한 뒤 230권의 불경을 번역했으며 저서로《대당서역구법 고승전》이 있다.

혜초와 실크로드

통일신라의 승려 혜초慧超(704~787)는 8세기 초에 황해를 건너 중국 광저우廣州로 갔다. 이때 그의 나이 16세였다. 천축국의 승려 금강지金剛智의 제자가 된 혜초는 그의 주선으로 광저우에서 바다의 길로 동인도에 갔다.

인도에서 혜초는 석가가 입멸한 쿠시나가라拘尸那國를 비롯하여 불교 성적聖跡을 순례하고 중앙아시아와 파미르 고원을 거쳐 창안으로 돌아왔다. 그 뒤, 그는 창안의 천복사에서 밀교 경전을 연구하다가 중국 불교의 성지 오대산의 건원 보리사乾元菩提寺에서 여생을 보냈다.

8세기의 인도에 관해 쓴 그의 기행문《왕오천축국전往五天竺國傳》

혜초의
왕오천축국전

이 1908년에 프랑스의 동양학자 펠리오가 둔황 막고굴에서 발견한 것을 1909년에 청나라 학자 나진옥罗振玉의 출판으로 세상에 알려졌다. 우리나라에서는 최남선의 삼국유사에서 처음 소개됐다. 현재 왕오천축국전은 파리 국립 도서관에 보관돼있다.

혜초가 다녀온 오천축국五天竺國은 인도 북부 지방에 있었던, 부처가 태어난 중천축국과 동·서·남·북의 네 천축국을 말한다.

DUNHWANG 1

시안-란저우 거쳐 둔황으로

시안성의 중앙에 있는 고루

중국 실크로드의 동쪽 기점 시안

09

3천 년 역사를 가진 중국 최대의 관광지

실크로드의 심벌인 둔황 여행은 중국의 영원한 고도 시안에서 시작된다. 실크로드를 따라 시안을 출발하여 서쪽으로 외길로 가다가 둔황에서 실크로드의 땅 서역으로 들어서면 이 옛길은 천산북로, 천산남로, 서역남도의 세 길로 갈라진다. 그리고 이 옛길은 천산 산맥과 타클라마칸 사막을 지나 중국 실크로드의 마지막 도시 카슈가르에서 끝난다.

그 사이에 실크로드의 오아시스 도시 란저우, 가욕관, 둔황, 투루판, 우루무치, 쿠처, 허텐이 있다. 카슈가르에서 실크로드는 파미르 고원을 넘어 서쪽으로 가면 키르기스스탄·이란·아프가니스탄으로, 남쪽으로 가면 파키스탄·인도로 이어진다.

시안성의 중앙에 있는
종고루

3천 년 고도 시안

중국 실크로드의 동쪽 기점起點은 시안이다. 시안의 옛 이름은 창안이다. 시안은 황하 상류의 관중평야關中平野에 자리한 삼천 년의 역사를 가진 고도古都이다. 시안은 중국인의 마음의 고향이며 중국 역사와 문화의 발상지이다. 로마·카이로·아테네와 더불어 시안은 세계 4대 문명고도文明古都의 하나이며 베이징·난징·뤄양·항저우杭州·카이펑과 함께 중국 6대 고도의 하나이다.

역사가 오랜 만큼 시안은 중국 고대 유적이 많다. 세계문화유산인 진시황릉과 병마용갱을 비롯하여 314개의 중요 문화재 유적,

시안성의 차도 같은
성벽 위

84개의 국가·성급 중요 문물유적, 그리고 약 12만 점의 유물을 소장하고 있는 20여 개의 박물관, 72개의 역대 황제의 무덤에 이르기까지 시안에는 4,000개가 넘는 역사적 유적이 널려 있다. 시안은 살아있는 거대한 역사박물관이다.

산시 성陝西省의 성도인 시안은 동서 10㎞, 남북 9㎞, 면적 9,900㎢에 인구 약 850만 명의 대도시이다. 남쪽에 진령 산맥秦嶺山脈이 동서로 뻗어있고 북쪽에 황하의 지류인 위수渭水가 동서로 흐르고 있다.

시안의 역사

시안은 기원전 11세기부터 기원 10세기까지 약 2천 년 동안에 서주西周, 진秦, 한漢, 신新, 서진, 전조前趙, 전진前秦, 후진後秦, 서위西魏, 북주北周, 수隋, 당唐 등 12 왕조의 수도로 옛 중국의 정치, 경제, 문화의 중심지였다.

중국을 처음으로 통일한 진나라를 멸망시키고 한나라를 세운 고조 유방이 지금의 시안에 수도를 정했다. 그리고 "한나라가 오래오래 존속하기를 바란다"는 뜻으로 창안이라고 이름했다. 그 뒤, 당나라까지 창안, 원나라에 이르러 봉원성奉元城으로 바뀌었다.

시안성 관광지도

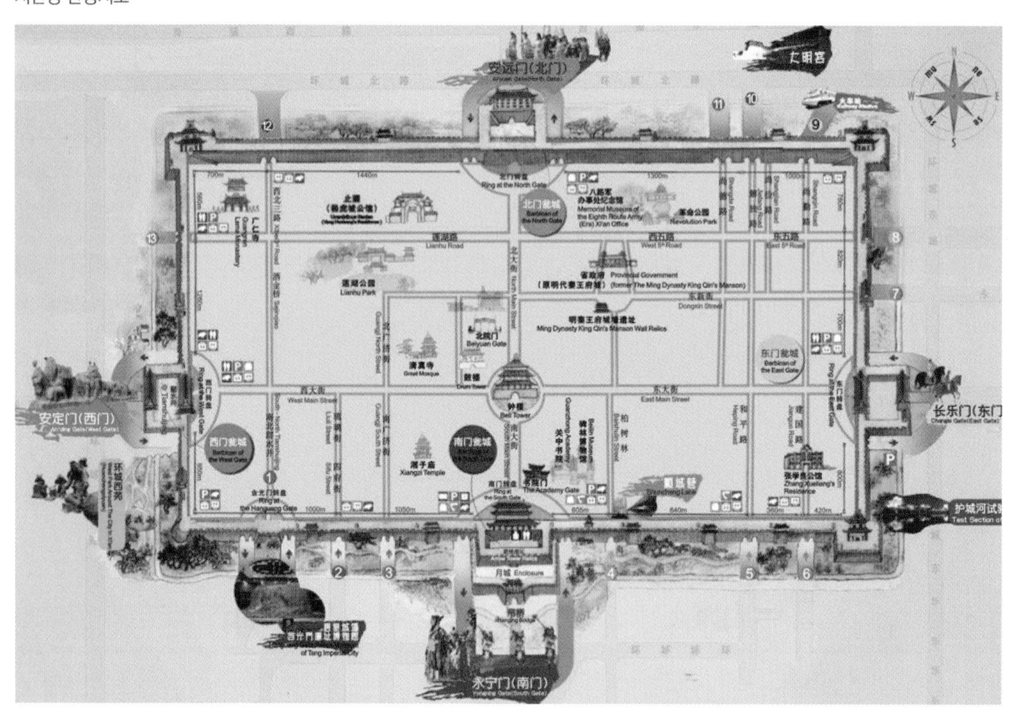

14세기 후반 명나라가 수도를 베이징으로 옮기면서 수도보다 더 평안한 곳이 있어서는 안 된다는 이유로 '서쪽의 평안한 곳'이라는 뜻의 시안으로 바꿨다.

중국에서 30년 역사의 중국을 보려면 선전看三十年中國看深圳, 1백 년 역사의 중국을 보려면 상하이看一百年中國看上海, 1천 년 역사의 중국을 보려면 베이징看一千年中國看北京, 3천 년 역사의 중국을 보려면 시안看三千年中國看西安을 보라고 한다. 시안을 보지 않고는 중국을 보았다고 하지 말아야 한다.

동양의 중심 창안

당나라 시대가 창안의 전성기였다. 서양의 중심이 로마였을 때 동양의 중심은 창안이었으며 당나라의 창안성長安城은 로마와 어깨를 견줄 만큼 큰 국제도시였다. 당시 창안에는 세계 각국에서 온 2만 명이 넘는 푸른 눈, 붉은 머리의 상인이나 외교 사절 등 색목인色目人(외국인)이 있었다. 그들과 함께 호풍胡風이라고 불린 그들의 문물도 실크로드를 통해 들어와 넘쳤으며 이국적인 화려한 문화의 꽃을 피웠다. 한나라 말에 들어온 불교도 당나라 시대에 가장 번성했다.

시안은 1940년대 이후 인구도 줄고 도시가 크게 쇠퇴했다. 그러나 1990년대 이후 시안은 중국 서부의 정치, 경제, 문화, 교통의 중심지로, 그리고 중국 서부개발의 거대한 거점도시로 발전하고 있다. 지금의 시안은 해마다 많은 국내외 관광객이 찾아오는 중국 최대의 관광도시로 떠오르고 있다.

천복사의 소안탑

성벽 도시 시안

시안은 명나라 시대에 구축한 명대고성明代古城 안에 옛 면모를 간직한 구시가 있다. 그리고 성 밖에 1992년 개방도시로 지정되면서 중국 서부의 최대 도시로 발전을 계속하고 있는 신시가 있다.

성벽으로 둘러싸인 구시는 면적이 13㎢이다. 그 중심에 시안의 심벌인 종루鐘樓와 고루鼓樓가 서 있고 비림碑林과 이슬람 사원인 청진대사淸眞大寺가 있다.

성 밖의 신시와 근교에는 원시시대에 인류가 살았던 흔적이 남아 있는 반파 유적半坡遺跡, 역대 황제들의 무덤인 황릉皇陵, 중국을

시안 중심에 있는 종루

최초로 통일한 진나라 시황제의 무덤과 그의 지하군단이 묻혀있는 병마용갱兵馬俑坑, 당나라 현종玄宗이 양귀비楊貴妃(719~756)와 사랑을 나눈 황실 정원 화청지華清池, 중국 유일의 여황제 측천무후則天武后의 무덤 건능乾陵, 삼장법사 현장玄奘을 위해 세운 자은사慈恩寺와 대안탑大雁塔, 당나라 예종이 아버지를 위해 세운 천복사薦福寺와 소안탑小雁塔, 산시 성 역사박물관, 아방궁阿房宮 등이 있다. 그리고 2006년에 개관한 서울의 민속촌처럼 당나라 시대의 창안을 재현해놓은 대당부용원大唐芙蓉園이 있다.

시안은 한나라 무제 시대에 장건의 서역 진출과 실크로드의 개척, 흉노 토벌에 큰 공을 세운 명장 곽거병霍去病, 주나라 유왕幽王이 거짓 봉화로 대신들을 희롱했다는 봉화대, 진시황제가 책을

시안성내의 풍경

불사르고 선비들을 산 채로 묻어 죽인 분서갱유焚書坑儒, 유방이 진나라를 멸망시키면서 불태운 아방궁, 천하를 휘둘렀던 당나라의 여황제 측천무후, 당나라의 현종과 절세미인 양귀비 등 숫한 이야기가 전해오는 역사의 무대이다.

시안의 심벌 명대고성

현재 시안의 구시를 둘러싸고 있는 명대고성은 중국에 남아있는 유일한 고성이다. 이 고성은 14세기 후반 명나라 말기에 당나라 시대의 동서 10㎞, 남북 9.5㎞의 당창안성唐長安城을 본받아 10분의 1로 줄여 지은 것이다. 고성의 둘레가 14㎞, 높이가 12m, 성벽 위의 너비가 12m로 마차 4대가 나란히 다닐 수 있다.

시안의 대당부용원

성벽에 동문인 장악문長樂門, 서문인 안정문安定門, 남문인 명덕문明德門, 북문인 안원문安遠門의 4대 성문이 있다. 남문은 왕족, 북문은 외교사절, 동문은 일반 백성, 서문은 상인들이 드나들었다. 고성의 네 모퉁이에는 누각이 있고 성벽에 98개의 망루가 있으며 성벽 밖에는 성을 보호하기 위한 둘레 호수垓字가 있다.

북문에서 관광객의 시안 방문을 환영하는 입성식入城式이 열린다. 북문에 도착하면 바로 성문에서 옛 군복을 입은 수문장들의 행렬식이 열린다. 그리고 관광객들에게 제공되는 약술 한 잔을 마시고 나서 북문을 통해 성안을 들어가면 출입증명서와 금색 열쇠를 준다. 이어서 무희들의 춤 공연이 있고 공연이 끝나면 수문장과 함께 사진을 찍게 해준다.

북문의 서쪽에 실크로드의 출발지를 기념하는 대상상이 있다. 1988년에 만든 「실크로드 기점 군상絲綢之路起点群像」은 실크로드로 떠나는 조각상이다. 당창안성의 서문인 개원문開遠門이 있었던 곳으로 실크로드의 출발점이었다. 이곳에서 옛날에 대상의 낙타들이 비단을 싣고 떠났다.

실크로드의 기점군상

시안의 명물
물만두 자오쯔엔

시안의 음식

시안의 대표적인 음식으로는 형형색색의 물만두가 나오는 자오쯔엔餃子宴, 양고기와 국물을 넣고 볶은 양러우파오모羊肉泡饃, 술은 당나라 시인 이백李白이 즐겨 마셨다는 처우주稠酒가 유명하다. 중국에서는 만두를 교자餃子라고 한다. 시안의 심벌인 종루 가까이에 교자 식당이 많지만, 그 중 덕발장 교자관德發長餃子館이 가장 유명하다.

천복사의 소안탑

영원한 고도 시안

10

살아있는 역사박물관

시안 구시의 중심, 동·서·남·북의 대로가 교차하는 명대고성 내의 광장에 시안의 심벌 종루와 고루가 서 있다. 해뜰 무렵이나 해질 무렵에 성문이 열리고 닫히면서 종과 북이 울린다.

종루는 14세기 말, 명나라 시대에 지은 600년의 역사를 가진 높이 36m의 정사각형 목조건물이다. 밖에서 보면 3층이나 안에서 보면 2층 누각으로 꼭대기에 큰 종이 달려있다. 옛날이나 지금이나 아침마다 종이 울려 시민에게 시간을 알려준다. 종루는 시안의 좌표의 원점이다.

종루의 서북쪽에 고루가 마주 보고 서 있다. 종루와 마찬가지로 고루도 600년의 역사를 가졌다. 옛날이나 다름없이 지금도 해질 무렵이 되면 북이 울려 시간을 알려준다. 높이 33m의 고루도 밖에서 보면 3층이나 안에서 보면 2층 건물이다.

중국 최초의 모스크 청진대사

종루에서 조금 떨어진 곳에 이슬람 사원 청진대사清眞大寺가 있다. 동대사東大寺라고도 불린다.

청진은 중국말로 '이슬람교', 청진사는 '이슬람 사원(모스크)'을 뜻한다. 7세기 말, 당나라 고종 시대에 이슬람교가 중국에 들어왔고 모스크는 8세기 중엽, 당나라 현종 시대에 처음으로 건립됐다. 시안의 청진대사는 중국 최초의 이슬람 사원으로 돔이나 미나렛은 없고 중국 건축양식으로 지은 모스크이다. 불교 사원처럼 보인다. 사원의 규모가 4천 평으로 매우 크며 1천 명을 수용할 수 있는 예배대전礼拜大殿이 있다. 내부는 이슬람교의 특성 그대로 우상이 없고 이슬람 풍의 벽과 기둥에 600여 폭의 그림과 목각으로 된 코란 경전이 걸려 있다. 모퉁이에 예배 방향을 가리키는 벽함(미흐랍)이 있다. 중앙에 성심루省心楼라는 현판이 걸려있는 3층 8각형의 누각이 미나렛을 대신하고 있다.

산시성 역사박물관

시안고성의 남쪽에 중국의 대표적 박물관인 산시성 역사박물관이 있다. 1991년에 개관된 중국 최초의 근대 박물관이다. 당나라 시대의 건축양식으로 지은 이 박물관에 산시 성 일대에서 발굴된 10만여 점의 유물이 소장돼있다.

중앙에 위치한 역사 전시관에는 원나라부터 근대까지의 각종 유물 3천여 점이 시대별로 진열돼있다. 1층에는 선사시대부터 진나라 시대까지, 2층에는 한나라 시대부터 위진魏晉의 남북조 시대

산시성 역사박물관

까지, 3층에는 수나라부터 명나라 시대까지의 유물이 전시되고 있다.

이 박물관의 중요 전시물로는 선사시대의 색을 칠해 구운 도자기 채도병彩陶甁, 은나라와 주나라 시대의 청동기, 역대의 진흙으로 만든 인형인 도용陶俑, 당나라 시대의 무덤에서 발굴된 벽화와 죽은 사람과 함께 묻은 도자기인 도자용陶磁俑, 당나라 시대의 채색 도자기인 당삼채唐三彩, 그리고 한나라·당나라 시대의 구리거울銅鏡, 경화硬貨 등이 있다.

비림 박물관

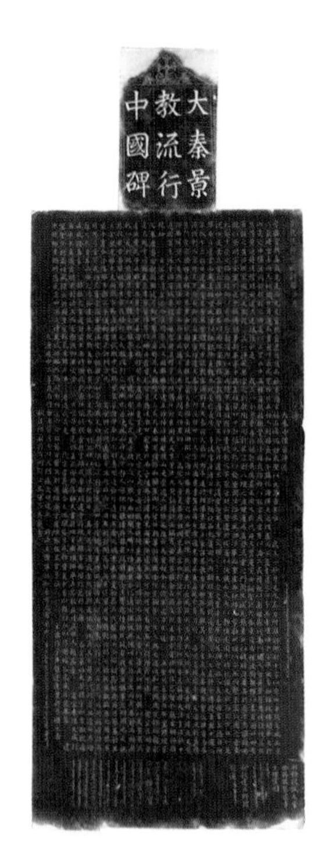

비림의 진귀한 비석
대진교유행중국비

시안 고성의 남문의 동쪽에 석각 예술을 모아놓은 중국 최대의 석조서고石造書庫, 비림이 있다. 옛 시안의 공자묘 문묘文廟를 11세기 초에 비석 박물관으로 개조한 것이다. 3천 기가 넘는 옛 비석이 모여 있어 「비석의 숲」을 이루고 있다.

비림은 비석뿐만 아니라 한자 서체漢字書體의 전시장이기도 하다. 한자는 인물이나 동물이나 사물의 모양을 본떠 만든 기호인 상형문자象形文字이기 때문에 그림이나 다름없고 글자체가 아름답다. 진나라의 시황제가 통일한 문자가 소전小篆이다. 이 소전 서체를 사용하기 편하게 만든 것이 예서隸書이다. 그밖에 바르게 쓰는 서체인 해서楷書와 약간 흘려 쓰는 행서行書, 그리고 여러 글자를 연이어 쓰는 흘림체인 초서草書가 있다. 건물의 현판이나 비석 같이 일상생활에서 쓰는 서체가 해서이다. 한자를 글로 쓸 때는 주로 행서를 쓴다. 비림에서 기념될 만한 비석의 탁본도 구매할 수도 있다. 비림에는 역사 전시실, 석각 전시실, 임시 전시실이 있다. 역사 전시실에 있는 녹황남綠黃藍의 세 색깔로 만든 당나라 시대의 도자기 당삼채가 유명하다.

석각 전시실에는 석각의 대표적 작품인 능묘석각陵墓石刻과 종교석각이 전시되고 있다. 그중 당태종의 「소릉육준昭陵六駿」이 가장 유명하다. 이것은 당태종이 애용했던 여섯 마리의 애마愛馬를 그가 죽자 높이 1.5m, 너비 1.8m의 석판에 부조를 만들어 묻은 것이다. 현재 6개의 석각의 원본 중 2개는 미국의 펜실베이니아 대학 박물관에 있고 4개는 이곳에 있다.

석각 전시실에는 7개의 진열실과 1개의 비정碑停(비석 정자)이 있다. 비정에 있는 「석태효경石台孝經」이 유명하다. 이 비석은 745년에 당나라 현종이 공자가 증자와 효도에 대해 문답한 기록인 유교의 「경전효경經典孝經」에 관한 해설을 예서, 해서, 행서로 쓴 것을 새긴 비석이다.

제1 진열실에는 주역, 시경, 논어, 효경, 상서, 주례, 의례, 예기 등이 석경石經으로 새겨서 전시되고 있다. 그중 당나라 문종 시대에 높이 2m의 석판 114개에 65만 252자의 유교 경전 「십삼경十三經」을 해서로 새긴 「개성석경開成石經」이 유명하다. 그 곁에 진귀한 비석 「대진경교유행중국비大秦景教流行中國碑」가 있다. 대진大秦은 고대 로마 제국, 경교는 기독교의 한 종파인 네스토리우스를 가리킨다. 이 비석은

비림이 비정碑亭

비림의 비석들

7세기 당나라 시대에 중국에 들어온 경교의 교세 확장의 역사를 새긴 기념비이다.

제2전시실에는 왕희지의 글자를 한 자 한 자 골라서 조성한 집자비集字碑, 「삼장성교서비三藏聖教序碑」가 있다. 글자를 모으는 데 24년이 걸렸으며 '일자천금一字千金'이라는 말이 이때 생겼다고 한다.

제3~제7전시실에는 한나라부터 청나라 시대까지의 유명한 서도가의 명필과 관음보살상, 공자상, 달마대사상, 소동파蘇東坡의 「귀거래사비歸去來辭詩碑」, 지영화상智永和尙의 「천자문비千字文碑」등이 전시되고 있다.

천복사와 소안탑

성벽의 남문에서 1㎞쯤 남으로 가면 당장안성의 중심에 천복사와 소안탑이 서 있다. 당나라 말기, 황소의 난 때 천복사는 훼손돼 지금은 소안탑만 남아 있다.

소안탑은 삼장법사 현장에 이어 8세기 초에 인도에서 25년 동안 수행하고 돌아온 당나라의 고승 의정이 갖고 온 400권에 이르는 산스크리트어로 된 경전을 보존하기 위해 세웠다. 그는 천복사에 번경원을 두고 모두 290권의 경전을 한문으로 번역했다. 원래 높이 45m의 15층탑이었으나 명나라 시대에 지진으로 2계층이 무너져 지금은 13층에 높이가 42m이다.

대안탑이 직선적이고 남성적인데 비해 소안탑은 곡선적이며 여성적으로 그 모습이 우아하여 관중팔경關中八景의 하나로 꼽힌다. 사원 안에 금나라 시대에 조성된 높이 3.5m에 무게 10톤의 종이 달린 종루가 있다.

자은사의
대안탑

자은사와 대안탑

성벽의 남쪽으로 4㎞ 떨어진 곳에 명나라 시대 지은 자은사와 대안탑이 서 있다. '자애 깊은 어머니의 은덕을 추모한다'는 뜻을 지닌 자은사는 기원 7세기 중엽에 당나라 고종高宗이 어머니 문덕황후文德皇后를 위해 세운 불교사원이다. 사원의 정면에 대웅보전大雄寶殿이 있고 그 앞에 금박으로 대자은사大慈恩寺라고 쓴 향로가 있다. 그 뒤에 대안탑이 서 있다.

대안탑은 천축과 중앙아시아 128개국을 구법 순례하고 돌아온 삼장법사 현장이 가져온 산스크리트어 경전과 불상을 보관하기 위해서 세운 탑이다. 현장이 설계한 이 탑은 처음에는 5층의 벽돌로 지은 전탑塼塔이었다. 그 뒤 10층으로 증축됐다가 16세기 후반에 지진으로 일부가 훼손돼 지금은 7층만 남아있다. 중국에는 팔각 탑

자은사의 대안탑과
삼장법사 현장 동상

비림의
대진교유행중국비

이 많으나 이 탑은 사각 탑이다.

대안은 '큰 기러기'란 뜻이다. 전설에 따르면 인도로 가던 현장이 사막에서 길을 잃고 헤매고 있을 때 하늘에서 기러기 한 마리가 날아와서 길을 안내해 주었다. 부처가 기러기로 현신하여 도와줬다고 믿은 현장은 창안에 돌아온 뒤에 탑을 짓고 기러기 탑雁塔이라고 이름했다.

높이 64m의 웅대한 이 탑은 내부의 나무 계단을 이용하여 꼭대기까지 올라갈 수 있다. 탑의 입구에 당나라 태종의 「대당삼장성교서大唐三藏聖教序」와 고종의 「대당삼장성교서기大唐三藏聖教序記」의 기념비가 나란히 서 있다. 비문은 당나라의 유명한 서예가 저수량褚遂良이 쓴 글씨이며 현장 삼장의 공덕을 기리는 내용이다. 중국 고대 서예의 걸작으로 꼽힌다.

탑 앞에 있는 대웅보전大雄寶殿 내에 석가여래의 삼신불三身佛과 열

여덟 나한상羅漢像이 있으며 사원 입구에 있는 사자상은 명나라 원년에 세운 것으로 천 년이 넘는다.

당나라 시대에 중국에 온 신라의 구법승이 100명 가까이 됐다고 한다. 그중 일부가 자은사에 머물렀다.

6천년 된 반파 유적

시안의 동쪽으로 약 6㎞, 완만한 황토 언덕에 1953년에 발견된 신석기시대의 촌락 유적 반파 유적이 있다. 50㎢의 유적에서 45개의 가옥, 6개의 도자기 굽는 가마, 250개의 무덤, 그밖에 1만여 점의 생산기구와 생활도구의 유물이 발굴됐다.

반파 유적지 입구

반파 유적홀

1958년에 개관한 박물관의 현관에 「반파의 여인」이라고 불리는 처녀상이 연못에 서 있다. 유적의 발굴 현장에 실내 체육관처럼 둥근 지붕을 덮어 만든 박물관에 3개의 전시실과 발굴 현장을 그대로 볼 수 있는 유적 홀이 있다.

제1전시실은 중국 원시사회의 주요한 유적의 분포도와 반파인의 가축사육, 도기 제조 등의 생산 활동을, 제2전시실은 반파 촌락의 중심에 있는 가옥, 공동묘지, 저장굴 등의 유적을, 제3전시실은 산시 성의 원시사회의 역사를 전시하고 있다.

병마용

시안의 교외 유적

11

3천년의 역사박물관

시안은 교외에도 역사적 유적이 많다. 동쪽과 남쪽 교외에는 대표적인 유적으로 시안 관광의 하이라이트인 진나라 시황제의 무덤 진시황릉과 그의 지하군단 병마용갱, 여산驪山 기슭에 당나라 현종과 양귀비가 사랑을 나눴던 화청지가 있다.

양귀비

서쪽과 북쪽 교외에는 흉노를 정복하고 실크로드를 개척한 한나라 무제의 무덤 무능茂陵, 당나라 고종과 측천무후의 합장무덤合葬陵인 건능, 배장 능配臓陵인 영태공주 묘永泰公主墓, 그리고 중국 불교의 성지 법문사가 있다.

진나라 시황제의 황릉

시안의 북동으로 30㎞의 여산 기슭에 중국을 처음 통일한 진나라 시황제의 진시황릉이 있다. 진시황릉에는 181개의 배장 무덤陪冢(부속무덤)이 있다. 부장품으로 많은 실물 외에 금은 옥기나 보물과 사람이나 동물의 흙 인용陶俑이 묻혀있다.

진시황제는 시안 동쪽의 여산驪山 기슭에 13세에 황제에 오르면서 바로 착공하여 죽기 직전까지 36년 동안에 75만 명을 동원하여 아직 살아있는 사람의 무덤 수릉壽陵을 만들었다. 진시황릉은 개인 무덤으로 세계에서 가장 크다. 원래 높이 200m의 작은 산이었으나 줄어들어 지금은 76m이다.

진시황제는 무덤의 지하에 찬란한 지하궁전을 짓고 호화로운 묘실을 만들어 진기한 보물로 가득 채웠다. 천정에는 태양과 달과 별들이 반짝이고 지하에는 수은으로 하천과 호수를 만들었다.

위에서 내려 본 진시황릉

영구히 꺼지지 않는 특수한 기름을 사용한 등과 도굴자가 접근하면 자동으로 화살이 발사되는 특수 장치를 갖추고 있다. 진시황제의 무덤은 1987년에 세계문화유산으로 지정됐다.

진시황제의 병마용갱

진시황제의 황릉에서 서쪽으로 1.5㎞ 떨어져서 세계 8대 기적世界八大奇跡이라고 불리며 20세기 최대의 발견이라고 일컫는 진시황제의 병마용갱이 있다.

정식 이름은 '진 병마용 박물관秦兵馬俑博物館'이다. 용俑은 죽은 사람을 묻을 때 함께 묻는 인형이며 용갱俑坑은 인형이 묻혀있는 동굴을 뜻한다.

진시황제는 그가 죽은 뒤 그 무덤에 친위병과 말을 함께 묻는 대신에 모습과 크기가 비슷한 진흙을 구워 만든 8,000여 개의 병마 인형을 지하에 묻어 지키게 했다.

1974년에 한 농부가 옥수수 밭에서 우물을 파다가 우연히 발견한 도자기 조각이 2천 년 동안 땅속에 묻혀 있던 진시황제의 병마용갱 발굴의 계기가 됐다. 병마용갱은 진시황릉에 부속된 많은 동굴 중 진시황제의 무덤을 지키기 위한 지하 친위대가 묻혀있는 동굴이다.

거대한 지하 동굴에 실물 크기의 병마 인형이 동쪽을 향해 질서 있게 서 있다. 가장 큰 1호 병마용갱은 동서 길이 230m, 남북 폭 62m, 깊이 5m에 넓이가 1만 4천㎡나 된다. 그 안에 약 6,000명의 무장한 병마 인형이 36줄로 나란히 서 있다.

넓이 6천㎡의 2호 병마용갱에는 350마리의 전차를 끄는 말 도용과 900명의 화살병 도용을 비롯하여 각종 병마 도용이 있다. 넓이 500㎡의 가장 작은 3호 병마용갱은 전군을 지휘하는 사령부로 한 대의 전차와 4체의 병마 도용이 있다. 2호와 3호 병마용갱은 지금도 발굴을 계속하고 있다. 평균 키가 1.8m의 병용은 장군, 참모, 기병, 전차병, 보병으로 나누어져 있으며 얼굴의 표정이 모두 다르고 신분에 따라 옷 모양도 다르다. 병마용의 말의 높이는 1.5m로 서역의 발 빠른 대완마大宛馬를 닮았다. 병마용갱의 병마 하나하나의 표정이 마치 살아 움직이고 있는 것 같다.

병마용 갱

청동마차 갱

시황제 황릉의 서쪽으로 20m 되는 곳에 청동마차갱青銅車馬坑이 있다. 두 대의 청동마차는 실제로 사용했던 마차를 2분의 1로 줄여서 만든 것이다. 1호 마차는 선도마차이고 2호 마차는 진시황제가 전국을 순행할 때 사용했던 전용마차이다. 각 4마리의 말이 끄는 이 두 대의 마차는 모두 청동으로 만들었으며 매우 아름답고 호화롭다. 죽은 뒤에도 진시황제의 영혼이 이 마차를 타고 순행하기 위해서 만든 것이다. 마차와 함께 묻혀 있던 금은으로 만든 장신구 1,594점에서 2천 년 전의 금·은 가공의 솜씨를 엿볼 수 있다.

청동마차

여산 품에 안긴 화청지

시안의 동북으로 약 30㎞, 시황제의 황릉에서 2㎞ 떨어진 여산 기슭에 화청지가 있다. 당나라 황제 현종과 절세미인 양귀비가 사랑을 나눴던 곳이다.

삼천여 년 전, 주나라 시대부터 온천 여산탕驪山湯이 있었고 서주의 유왕幽王과 진나라의 시황제도 이곳에 궁을 짓고 온천을 즐겼다. 당나라의 현종은 747년에 화청궁華清宮을 짓고 매년 겨울에 양귀비와 이곳에서 온천을 즐겼다. 화청궁은 모든 궁전과 누각이 「안녹산의 난」 때 불타버렸다. 지금의 건물은 18세기 청나라 말기에 신축한 것이다.

양귀비는 서시西施, 왕소군王昭君, 초선貂嬋과 더불어 중국 4대 미인의 하나이다. 양귀비의 본명은 양옥환楊玉環이다. 현종의 아들 수왕壽王의 왕비였다. 그러나 모란꽃처럼 아름답고 총명하여 현종의 눈에 들어 그의 후궁이 돼 총애를 받았다. 「안녹산의 난」 때 양귀비는 살해됐다.

당나라의 시인 낙천樂天 백거이白居易는 현종과 양귀비의 슬픈 사랑을 〈장한가長恨歌〉로 읊었다. 120행의 대서사시로, 장한가의 첫째 장은 황제와 절세미인 양귀비와의 사랑, 둘째 장은 「안녹산의 난」으로 양귀비를 잃은 황제의 외로운 모습, 셋째 장은 환도 후 양귀비 생각에 젖어있는 황제, 넷째 장은 양귀비의 영혼을 찾아 미래의 사랑을 맹세하는 애틋한 사랑을 노래했다. 연못가에 모택동이 쓴 장한가의 비석이 서 있다. 양귀비가 목욕을 했던 해당화를 닮은 해당탕海棠湯과 현종이 사용했던 연꽃을 닮은 연화탕蓮花湯이 그대로

연화탕(왼쪽)과
해당탕(오른쪽)

지금까지 남아있다.

화청지에는 4개의 문, 10개의 궁전, 4개의 누각, 5개의 온천탕이 있다. 화청지에 들어서면 구룡호九龍湖에 요염한 자태의 양귀비 동상이 보인다. 호수 앞에 있는 현종과 양귀비가 머물었던 침전인 비상전飛霞殿은 '여산을 넘어오는 눈이 화청지 위에서 서리로 변한다' 해서 붙은 이름이다. 두 사람의 뜨거운 사랑 때문에 지붕에 눈이 쌓이지 않았다고 한다.

1900년 「의화단의 난義和團亂」으로 서태후西太后는 베이징에서 시안으로 피해 와서 화청지 주변에 행궁行宮을 짓고 한동안 머물렀다.

화청지는 당나라의 현종이나 청나라의 서태후 같은 실정의 군주와 인연이 깊었던 것 같다.

한쪽 모퉁이에 장개석 판공실蔣介石辦公室이라는 간판이 붙어있는 건물이 있다. 1936년에 일어난 중국 현대사의 흐름을 바꾸어 놓은 시안사건의 무대이다. 국공합작을 주장하다 만주사변 때 살해된 장학림張學林의 아들 장학량張學良이 공산당 토벌을 위해 시안에 온 국민당의 장개석을 감금하여 국공합작國共合作을 성공시킨 역사의 현장인 오간청五間廳이다. 그 당시 총탄을 맞아 깨진 유리창이 그대로 남아있다.

화청지 구룡호의
양귀비 입상

불교의 성지 법문사

시안의 서로 100㎞, 위수의 건너편 언덕에 법문사法門寺가 있다. 이 사원은 1900여 년 전, 한나라 시대에 세운 황실 사원으로 진신사리眞身舍利(석가모니의 사리)를 모시고 있는 불교의 성지이다. 법문사의 불지사리佛指舍利(부처의 진짜 손가락 뼈)는 진시황제의 병마용과 함께 세계적인 보물로 꼽히고 있다.

불교 경전에 따르면 기원전 253년에 옛 인도 천축古天竺의 아소카 왕이 인도를 통일한 뒤, 불교를 널리 전도하기 위해 석가모니의 진신사리를 8만 4천 개로 쪼개어 세계 각지에 나누어주었다. 중국에

법문사

사리 보석 상자

온 19개의 사리를 보관하기 위해 19개의 탑이 건립됐는데 다섯 번째 지은 탑이 법문사 탑이다.

법문사에는 원래 목탑이 있었는데 지진으로 파괴되고 현재는 그 뒤에 지은 높이 47m의 13층 8각 전탑塼塔(벽돌로 지은 탑)인 진신보탑眞身寶塔이 서 있다. 1986년에 오래된 탑이 홍수로 일부가 무너져 수리하다가 탑 밑에서 지하궁전이 발견됐다. 면적 32㎡의 지하궁전에서 불지사리를 비롯하여 청동불상, 석불상, 경전 등 2천9백 점이 넘는 귀중한 불교 문물이 나왔다. 현재 법문사에는 4개의 불지사리가 보관돼있다. 그중 한 개는 석가가 살아 있을 때 얻은 진짜 손가락뼈인 진신지골眞身指骨의 사리舍利이고 3개는 석가를 화장한 후에 얻는 영골靈骨인 쇄신사리碎身舍利이다. 당나라 시대에 만든 여덟 겹으로 된 보석 상자에 넣어져 있던 부처의 손가락 사리는 현재 지하궁전 내의 보살 사리탑에 안치돼있다.

2002년, 법문사의 사리를 대만에서 전시했는데 타이베이 국제공항에 도착했을 때 5만 명이 마중 나왔다. 그리고 고웅高雄의 불광산사仏光山寺에 1주일 동안에 50만 명이 관람했다 한다.

무능과 건능

시안의 동쪽으로 40㎞ 떨어진 오능원五陵原에 한나라 무제의 무덤 무능이 있다. 한무제는 서역에 장건을 보내어 실크로드를 개척한 황제이다. 그 공적을 증명하듯이 위청衛靑, 곽거병 등 흉노를 정벌한 한나라 장군들의 무덤이 그 주변에 있다. 무능은 밑변의 길이가 230m, 남북 길이가 235m로 그 규모가 커서 「중국의 피라미드」라고 부른다.

무능의 서북쪽으로 약 45㎞ 지점에 있는 양산梁山에 건능이 있다. 당나라 제3대 황제 고종(649~683)과 그의 황후이며 중국 최초의 여황제인 측천무후의 합장 무덤이다. 산봉우리를 그대로 이용하여 조성했기 때문에 무덤의 그 규모가 매우 크다.

500m나 되는 건능으로 올라가는 참배 길에는 120여 개의 장례에 참석했던 소수민족의 왕과 외국 사절과 동물들의 석상이 늘어서 있다. 석상 중 61개는 목이 잘려있다. 동물상 중에는 사자상과 하늘을 나는 천마상도 있다. 또한 참배 길의 가장 안쪽에 비석에

아무것도 쓰지 않은 측천무후의 「무자비撫字碑」가 서 있다. 이것은 측천무후의 공적은 글로 표시할 수 없을 정도로 많다는 뜻이 담겨있다고 한다.

진시황제의 아방궁

시안의 서쪽, 셴양의 아방촌阿房村에 진시황제가 기원전 212년에 아방궁을 지었다. 아방은 '사방이 넓다'는 뜻이다. 아방궁은 만리장성과 진시황릉 다음으로 큰 토목공사였다.

아방궁은 동서 700m, 남북 120m의 2층 건물로 1만 명을 수용

중국 오악중의 하나인 오화산

할 수 있는 큰 궁전이었다. 그러나 궁이 완성되기 전에 초나라의 군대가 아방궁을 불태워 버렸다. 불길이 3개월 동안 꺼지지 않았다고 한다. 지금은 궁전 토대의 흔적만 남아 있고 그 남쪽에 아방궁 축미원阿房宮縮微園을 세워 관광객을 맞고 있다. 아방궁 유적의 근처에 센양시 박물관咸陽市博物館이 있다.

오악의 하나인 화산 서쪽으로 120km 지점에 중국의 다섯 이름난 산中国五岳의 하나인 화산이 2,160m의 높이를 자랑하며 하늘로 치솟아있다. 옛날에는 태화산太華山이라고 불렀다. 중국 국가급 풍경 명승구国家级风景名胜区로 지정돼있는 이 산은 다섯 산봉우리가 마치 한 송이 꽃처럼 보인다 해서 오화산이라는 이름을 갖게 됐다. 가파른 산길과 철 난간을 지나 산꼭대기에 오르면 위하 평원을 한눈에 볼 수 있다. 이곳에는 등산길을 따라 도교 사원이 있으며 폐허가 된 궁궐도 있다. 정상까지 올라갈 수 있는 케이블카가 놓여있다.

황하 란저우

황하의 도시 란저우

12

실크로드와 황하가 교차하는 고원도시

시안에서 실크로드를 따라 서쪽으로 가면 하서회랑을 지나 둔황으로 가는 길과 기련 산맥의 남쪽을 지나 칭하이青海로 가는 두 길로 갈라진다. 그 분기점에 실크로드의 입구 란저우가 자리한다. 황하의 800㎞ 상류에 위치해있는 면적 1만 3천㎢에 인구 360만 명의 고원도시다. 란저우는 실크로드와 황하의 교차점이다. 황하는 동으로 흘러오다가 란저우를 지나면서 갑자기 90도 직각으로 진로를 바꾸어 북으로 흐른다. 황하의 동쪽이 중원으로 한족의 땅이었고 서쪽은 서역으로 이민족의 땅이었다.

란저우는 1,400년의 역사를 가진 고도이다. 기원전 2세기 초에 한나라 장군 곽거병이 이곳에 성벽을 쌓고 세운 군사거점이다. 옛 이름이 금성金城이었으나 수나라 시대에 남쪽에 솟아있는 천란산泉蘭山의 '란'을 따서 지금의 지명인 란저우로 바꿨다.

양가죽으로 만든 뗏목
양파피즈

황하의 나루터

장강(양자강) 유역에는 상하이, 충칭 같은 대도시가 여러 개 있다. 그런데 황하 유역에는 대도시가 란저우 밖에 없다. 간쑤 성의 성도인 란저우는 중국 서부지역의 교통의 중심지다. 지금은 황하 상류에 건설한 유가협劉家峽댐의 전력을 활용하여 공업도시로 발달하고 있다. 란저우는 둔황을 거쳐 우루무치로 가는 길이 3,000㎞의 란신철도蘭新鐵道의 출발점으로 교통의 요지이다.

란저우는 하서회랑의 동쪽 입구에 자리하고 있어 서역으로 갈 때 건너야 하는 황하의 나루터가 있는 실크로드의 입구였다. 한나라 시대에 실크로드를 개척하기 위해 서역으로 간 장건, 당나라 시대에 인도로 구법순례 여행을 떠난 삼장법사 현장, 화친을 맺기 위해 티베트 왕에게 시집간 당태종의 양녀 문성공주, 이탈리아의 상인 마르코 폴로도 란저우를 지나갔다.

란저우는 이슬람 색이 짙은 도시로 한족 다음으로 컵라면의 컵 같은 챙이 없는 흰 모자를 쓴 회족回族이 많다. 이슬람교 사원도 많다. 지금도 황하의 명물인 양가죽을 통째로 벗겨 풍선처럼 바람을 넣어 만든 뗏목 양파피즈羊皮筏子로 황하를 건너는 회족들을 볼 수 있다.

황하 철교와 황하 모친상

란저우의 중심을 동서로 가로 질로 흐르는 황하에 12개의 다리가 걸려있다. 그중 1907년에 란저우의 중심에 세운 길이 200m, 폭 6m의 황하 제일교黃河第一橋는 황하 상류에 세운 최초의 철교이다. 중산교中山橋라고도 불린다. 이 철교의 건설로 배로 건너야 했던 황하의 북안과 남안을 육로로 건널 수 있게 됐다. 지금은 오래돼 차는 다니지 못하고 사람만 다닌다. 황하 위에 도시의 중심과 백탑산 공원白塔山公園을 연결하는 케이블카가 놓여 있

황하 모친상

다. 그 위에서 내려다본 황하가 장관이다. 황하라고 하면 강물이 황색으로 생각하기 쉽지만, 겨울에는 비가 많이 오지 않아 녹색이다.

황하 강변에 란저우의 심벌인 「황하 모친상黃河母親像」이 있다. 이 조각은 중국인에게 황하는 어머니, 그리고 엄마 품에 안긴 아이는 황하를 의지해서 사는 중국인을 상징하고 있다. 란저우의 주요 볼거리로는 황하 철교, 오천산 공원五泉山公園, 백탑산 공원, 안탄 공원雁灘公園, 간쑤 성 박물관 그리고 교외에 병령사 석굴이 있다.

백탑사 공원과 간쑤 성 박물관

강 건너 있는 란저우 역 광장에 제비를 밟고 있는 천리마상千里馬像이 있고 그 북쪽 산 위에 백탑사 공원이 있다. 공원에 원나라 시대에 칭기즈칸이 세운 높이 17m의 흰 7층 팔각형 불탑이 서 있다. 이 공

란저우 도시전경

원에 오르면 황하와 란저우의 전경을 한눈에 내려다 볼 수 있다.

간쑤 성 박물관은 중국 서부지역에서 발굴된 석기시대부터 명나라 시대까지의 유물을 전시하고 있다. 신석기시대의 채도彩陶가 많다. 또한 한나라 시대의 장군 무덤에서 발굴된 제비보다 더 빨리 달린다는 천리마, 마답비연馬踏飛燕의 「동분마상」이 전시되고 있다. 높이 34㎝, 길이 45㎝의 이 동상은 세발은 공중에 떠있고 한 발은 새를 밟고 있는 데 나는 새보다 더 빠르다는 것을 상징한다. 그밖에 4천여 점의 유물과 2만 장이 넘는 한나라 시대의 목간木簡[1]을 소장하고 있다.

1) 종이가 발명되기 이전에 죽간竹簡과 함께 문자 기록을 위해 사용하던 목편木片으로 목독木牘이라고도 한다.

병령사 석굴

막고굴, 맥적굴과 함께 간쑤 성의 3대 석굴의 하나인 병령사 석굴은 란저우에서 남서로 약 120㎞ 떨어진 황하 상류의 협곡에 있는 석굴이다. 란저우를 출발하여 차로 약 2시간, 그리고 길이 65㎞의 큰 인공호수 유가협 댐을 고속보트로 1시간 가면 석굴에 도착한다. 이 댐은 1967년에 황하 상류에 건설한 수력발전용 댐이다. 댐의 주변은 황하석림으로 기암들이 늘어서 있다. 병령은 티베트 말로 '십만불十万佛'이라는 뜻으로 천불동처럼 석굴이 많다는 것을 가리킨다.

법령사 석굴

병령사 석굴에는 4세기 말의 서진 시대부터 청나라 시대까지 약 1,500년에 걸쳐 조성한 183개의 석굴이 있다. 당나라 시대에 조성된 석굴 사원이 많다. 대부분이 실크로드 여행의 안전을 기원하기 위해 만든 석굴사원이다.

마답비연의
동분마상

현재 이곳 석굴에 694체의 아름다운 석조상과 82체의 소상 그리고 합계 면적이 900㎡에 달하는 벽화가 남아있다. 가장 유명한 것이 제171굴의 높이 27m의 「현암 대불懸巖大佛」이다. 대불 뒤에 있는 제169굴의 지상 60m의 천연동굴에 30여체의 불상들도 유명하다. 높이 16m, 폭 27m, 길이 15m의 동굴에 24개의 불단이 있으며 주로 무량수경, 법화경, 유마힐경, 화엄경 등 68개의 불경조상佛經造像과 150㎡의 벽화가 장식돼있다.

그밖에 북조 시대에 건조한 제172굴의 「목조불장木造佛帳」, 북위 시대에 건조한 제16굴의 길이 8.64m의 「열반불」, 명나라 시대에 건조한 제69굴의 「십일면 관음상」도 유명하다. 란저우의 명물인 「란저우 라면」, 그리고 과일 백란과白蘭瓜와 황하밀黃河蜜이 유명하다.

가욕관의 만리장성

주취엔과 가욕관

13

만리장성의 서쪽 끝

황하의 서쪽, 고비사막과 기련 산맥祁連山脈 사이에 뻗어 있는 좁고 긴 계곡이 하서회랑이다. 중원과 서역을 잇는 실크로드의 중요한 통로이다. 이 회랑의 중간인 란저우와 둔황 사이에 「술의 우물」이라는 매력 있는 이름을 가진 오아시스 도시 주취엔이 있다. 란저우에서 주취엔까지 733㎞, 항공편으로 1시간 반, 기차로 19시간, 주취엔에서 둔황까지 기차로 7시간 걸린다. 동·서·남·북 사방으로 1㎞를 나가면 고비사막이 나온다. 지금은 란저우에서 우루무치까지 가는 난신철도와 312번 국도가 통과하는 교통의 요지이다.

술의 우물 주취엔

주취엔은 한나라 무제가 기원전 2세기에 설치한 하서사군 중 제일 먼저 설치한 군으로 복록성福祿城이라고 불렀다. 당나라 이후 청나

가욕관의 유원문

라 시대까지는 쑤저우肅州라고 불렀다. 인구 10만 명의 오아시스 도시로 주민의 대부분이 한족이며 일부 회족이 거주한다.

전설에 따르면 한나라 장군 곽거병이 흉노를 토벌한 것을 기뻐하여 무제가 술을 선물했다. 곽거병은 그 술을 장병 모두가 마실 수 있도록 하기 위해 우물에 부었더니 우물물이 미주美酒가 됐다 해서 「주취엔-술의 우물」이라는 멋들어진 이름을 갖게 됐다고 한다.

주취엔의 중심에 4세기 중엽 동진 시대에 세운 종고루鐘鼓樓가 있다. 높이 27m의 목조 3층 누각으로 벽돌로 만든 토대에 동·서·남·북으로 문이 나있다. 각문에 「동앙화악 東迎華嶽」, 「서달이오西達伊

吾」, 「남망기련南望祁連」「북통사막北通砂漠」 즉 '동쪽에는 화악, 서쪽에는 오아시스 도시 이오伊吾에 이르고, 남쪽에는 기련 산맥의 최고봉 기련산이 보이고 북쪽으로는 고비사막으로 통한다' 는 뜻의 액자가 걸려있다. 종고루의 남쪽에 있는 천호공원泉湖公園에 주취엔이라는 이름의 유래가 된 우물이 있다. 원래 우물이 세 개였으나 지금은 한 개만 남아 있다. 우물 곁에 유래를 기록한 비석과 당나라 시인 이백李白의 시 〈달 아래 홀로 술잔을 기울이며月下獨酌〉를 새긴 비석이 서 있다.

꽃 사이에 술 한 병 놓고, 벗도 없이 홀로 마신다

花間一壺酒, 獨酌無相親.

잔을 들어 달을 맞이하니, 그림자까지 셋이 됐네.

擧杯邀明月, 對影成三人.

달은 술 마실 줄 모르고, 그림자는 그저 흉내만 낼뿐

月旣不解飮, 影徒隨我身.

잠시 달과 그림자를 벗하여, 봄날을 마음껏 즐겨 보너라

暫伴月將影, 行樂須及春.

노래 부르면 달이 서성이고, 춤추면 그림자 어지럽구나.

我歌月徘徊, 我舞影零亂.

취하기 전에 함께 즐기지만, 취한 뒤에는 각각 흩어지리니.

醒時同交歡, 醉後名分散.

정에 얽매이지 않는 사귐 맺어, 은하수에서 다시 만나리.

永結無情遊, 相期邈雲漢.

주취엔의 특산물로는 기련산에서 나는 옥돌玉石로 만든 「야광배夜光杯」가 유명하다. 원래 야광배는 허텐에서 나는 옥으로 만들었으나 운반 중에 깨지는 일이 잦아 창안에 가까운 주취엔에서 만들게 됐다.

이 옥으로 만든 잔은 깊은 밤에 술을 담아 달빛 아래 가져다 두면 잔에 달빛이 비쳐 환하게 빛난다 해서 「야광배」라는 이름을 갖게 됐다. 주취엔의 옥은 색에 따라 검은 묵옥墨玉, 푸른 벽옥碧玉, 노란 황옥黃玉이 있으며 모두 「야광배」를 만드는 데 사용된다. 당나라 시인 왕한王翰의 양주사涼州詞에 도 「야광배」가 등장한다.

> 맛 좋은 포도주 야광배에 담아 마시려니.
>
> 葡萄美酒夜光杯.
>
> 비파가 말 위에서 재촉하오.
>
> 欲陰琵琶馬上催.
>
> 취해 모래 위에 널브러져도 그대 웃지 말지니.
>
> 醉卧沙场君莫笑.
>
> 예로부터 전쟁 나갔다 살아온 이가 몇이었소.
>
> 古来征战几人回.

웅대한 가욕관

주취엔의 서쪽으로 20㎞ 떨어진 곳에 만리장성의 맨 서쪽 끝 관문인 가욕관嘉峪関이 있다. 가욕관은 '아름다운 계곡 사이에 있는 관'이라는 뜻이다. 만리장성의 동쪽 끝에 있는 산해관山海関과 함께 만

주취엔의 가욕관

리장성의 요충이다. 가욕관은 서역에서 낙타를 타고 온 대상이나 여행자가 말로, 그리고 중원에서 말 타고 온 여행자는 낙타로 갈아탔던 곳이다. 그 북동으로 6㎞ 떨어져서 중소 공업도시 자위관시嘉峪関市가 있다.

가욕관은 벽돌로 된 외성과 흙벽으로 된 내성의 이중 성벽에 둘러싸여 있다. 내성의 성벽은 둘레가 733m 높이가 11m이다. 내성의 동쪽과 서쪽에 3층 누각으로 된 문이 3개씩 있다. 상서로운 기운이 솟아오른다 해서 동문은「광화문光化門」, 부드러움이 멀리 가서 평안해진다 해서 서문은「유원문柔遠門」이라고 부른다. 서문에 가욕관이라는 액자가 걸려있다.

동서 6,000㎞의 만리장성에는 가욕관, 산해관, 거용관居庸關의 3개의 관문이 있다. 만리장성의 동쪽 끝에 있는 관문인 산해관은 천하제일관天下第一關이라고 부른다. 거용간은 베이징 북서쪽으로 60㎞ 지점의 팔달령에 있는 관문이다. 가욕관은 제일 웅대한 관문이라 하여 「천하제일웅관天下第一雄関」이라고 부른다. 산해관에서 가욕관까지 만리장성이 완공된 것은 14세기 명나라 시대였다.

동서 6,000㎞의
만리장성

전설에 따르면 가욕관을 짓는데 벽돌을 예비로 한 장만 준비하여 착공을 했는데 완공했을 때 정확히 한 장의 벽돌이 남았다고 한다. 현재 그 벽돌이 성문 위에 얹혀있다. 가욕관 입구로 가는 길 옆에 아편전쟁의 영웅인 청나라 흠차대신 임칙서가 신장으로 좌천돼 가는 길에 가욕관을 둘러보고 글을 남겼다. 그 글을 모택동이 직접 쓴 것을 새긴 석비가 있다.

DUNHWANG 2

우루무치-투루판 거쳐 둔황으로

우루무치의 홍산공원

서역 최대의 고원도시 우루무치

14

중국 실크로드의 서쪽 현관

천산 산맥 북쪽 기슭에 고도 919m의 고원 도시 우루무치가 자리한다. 중국의 서쪽 끝에 위치해 있는 우루무치는 세계에서 가장 바다가 먼 내륙 도시이다. 우루무치에서 사방으로 바다가 2,000km 이상 떨어져 있다. 공항에서 우루무치 도심까지 버스로 약 30분 걸린다.

몽골 말로 '이름다운 목장'이라는 뜻의 우루무치는 예로부터 흉노, 돌궐 등 기마유목민족의 방목지였다. 지금은 목장은 찾아볼 수 없고 베이징이나 상하이에 뒤지지 않는 고층 빌딩이 숲을 이룬다.

우루무치는 신장위구르 자치구新藏維吾爾自治区의 수도이다. 인구가 300만명이 넘는 중국 서북 지역의 최대 도시로 정치·경제·문화·교통의 중심지이다. 지금은 인구의 70%가 한족이지만, 원래는 위구르인이 가장 많았다. 그밖에 카자흐족, 몽골족, 회족, 만주족

박격달봉이 보이는
우루무치 전경

등 13개 소수 민족이 살고 있어 「인종의 십자로」라고 불리는 「다인종 도시多人種都市」이다. 뿐만 아니라 여러 민족의 독특한 문화와 생활 풍속이 융합하여 특색 있는 우루무치 문화를 창조해낸 「다문화 도시多文化都市」이기도 하다. 유목민족 고유의 화려한 의상, 자수, 옥 조각, 전통악기, 전통음식이 우루무치의 매력이다.

도시 내에 우루무치 강을 비롯하여 네 개의 강이 흐르고 있어 사막 속의 오아시스 도시인데도 물이 풍부하다. 우루무치도 중국 표준시간을 사용한다. 그렇지만 실제로는 베이징과 2시간의 시차가 있다.

우루무치의 역사

서역의 역사는 오래지만, 우루무치의 역사는 짧다. 우루무치는 19세기 말에 청나라 시대에 서역이 신장성이 되면서 성의 수도로 탄생한 도시이다. 예로부터 서역은 흉노 등 기마유목민족의 땅이었다. 기원전 1세기에 한나라가 서역 도호부를 설치하여 진출했다. 7세기에 당나라가 북정 도호부를 설치하여 실크로드와 함께 서역을 관할하면서 정저우庭州라고 했다.

그 뒤 돌궐, 위구르, 몽골 등 기마유목민족의 지배를 거쳐 18세기 후반에 청나라가 지배하면서 디화성迪化城, 19세기 말에 신장성의 성도省都가 되면서 디화迪化, 그리고 1955년에 중화인민공화국이 신장위구르 자치구의 수도가 되면서 우루무치로 바뀌었다.

지금의 우루무치는 중국 서북 개발의 거점으로 그리고 유럽 대륙까지 연결하는 신 실크로드인 「일대일로一帶一路」의 핵심지역으로 비약적인 발전을 하고 있다.

우루무치는 역사가 짧아 역사적 유적도 많지 않아 별로 볼 것이 없다. 우루무치의 볼거리로는 시내에 홍산 공원, 인민 공원, 신장위구르 자치구 박물관, 얼다오 시장이 있다. 교외에는 천산 천지天山天池, 남산 목장南山牧場, 천산1호빙산天山一號氷山이 있다.

홍산 공원

우루무치의 중심에 높이 910m의 붉은 바위산을 중심으로 1788년에 조성된 우루무치의 심벌 홍산 공원紅山公園이 있다. 산 위에 9층의 진용 탑鎭龍塔이 솟아있다. 전설에 따르면 홍산에 때때로 우루무치 강을 범람시키는 용이 있었는데 그 용을 달래기 위해 전설의 여신 서왕모西王母가 이 탑을 세웠다고 한다.

홍산의 정상에 원조루远眺楼가 있다. 누각 위에서 우루무치가 한눈에 들어오고 멀리 천산 산맥의 설산 준령인 박격달봉이 보인다. 공원 안에 청나라 시대의 아편전쟁의 영웅 임칙서林則徐(1785~1850)의 동상이 서 있다. 산기슭에 있는 인민 공원은 1884년에 우루무치가 성도가 됐을 때 만든 기념공원으로 100년 이상의 역사를 가졌다.

신장위구르 자치구 박물관

우루무치의 서북로에 1958년에 개관한 3천 년 전의 미녀 미라와 아기 미라로 유명한 신장위구르 자치구 박물관이 있다. 이슬람교의 모스크처럼 녹색 원형 돔의 지붕에 바깥벽과 안벽은 흰 석고로 장식을 한 석조 건물이다. 실크로드의 각지에서 발굴된 역사적 유물 5만여 점을 소장하고 있는 서역 문물의 보고이다. 소수민족의 역사, 문화, 풍속, 관습 등을 소개하고 있다.

전시실은 「역사문물 진열실」, 「민족 민속 진열실」, 「미라 진열실」로 나뉘어있다. 「역사문물 진열실」에는 석기시대부터 실크로드 각지에 거주했던 여러 민족의 흥망사를 소개하고 있으며 곳곳에서 발굴된 역사적 유물을 전시하고 있다. 「민족 민속 진열실」에는 실크로드에 거주했던 여러 민족의 주거, 의상, 생활용품 등, 2층의 「미라 진열실」에는 타클라마칸 사막의 누란과 투루판에서 발굴된 금으로 만든 가면을 쓴 미라, 입에 동전이 들어 있는 미라 등 10체의 미라가 전시되고 있다.

위구르 바자르

인종의 견본시장-위구르 바자르

우루무치 남부에 민족색이 뚜렷한 위구르 바자르, 얼다오 차오二道橋市場가 있다. 바자르는 페르시아 말로 '시장'을 뜻한다. 시장에 토산품을 판매하는 상점들이 즐비해 있다. 가격은 교섭하기에 달렸다. 해질 무렵이 되면 민족의상을 입은 위구르인들로 붐빈다. 시장에 왕래하는 당나귀 차, 물건을 팔려는 상인들의 목소리, 양고기의 꼬치구이의 냄새 등 이곳이 소수민족의 땅이라는 것을 느끼게 해준다.

천산 천지

중국의 스위스 천산 천지

우루무치의 북동으로 120㎞ 교외, 천산 산맥에서 두 번째로 높은 박격달봉(5,445m)의 중턱(1,980m)에 아름다운 반월형의 고산호수 천산 천지天山天池가 있다. 박격달은 몽골 말로 '성스러운 산'이라는 뜻이다. 천산 천지는 예로부터 「신의 연못神池」이라고 불릴 만큼 신비롭고 아름다운 연못이었다. 현지에서는 이 호수를 중국의 스위스라고 부른다.

천지로 가는 길은 평원의 연속이었지만, 천산에 오르는 길은 무척 비탈졌다. 천지는 둘레에 4㎞로의 만년설이 덮인 높은 산으로

천산 천지와
박격달봉

둘러싸여 있는 자연호수이다. 사막 속에 푸른 침엽수 숲이 에워싸고 있어 수면에 신비로운 에메랄드빛이 떠돈다.

전설에 따르면 중국 신화에 등장하는 불노 장수의 영약을 가진 여신 서왕모가 사는 곳은 곤륜산이지만, 중국 서부의 지배자 서왕모의 혼은 이 호수에 있다고 한다. 호수의 왼쪽 기슭에 서왕모의 무덤이 있고 오른쪽에는 여러 채의 파오가 있다,

남산 목장

목가적 풍경의 남산 목장

우루무치의 남으로 75㎞, 고비 사막의 한가운데 일직선으로 뻗어 있는 포장도로를 차로 1시간 반을 달리면 천산 산맥의 남쪽 자락에 높은 산과 숲이 둘러싸고 있는 아름다운 남산 목장이 나온다. 야생화가 만발한 대초원에 100여 개의 파오가 있다. 지금도 이곳에서 유목민 카자흐족의 전통 생활모습을 엿볼 수 있다. 계곡에 있는 몇 개의 목장 중에서 동백양구東白楊溝와 서백양구西白楊溝가 유명하며 숲 속에 숨어있는 천산 폭포가 아름답다. 서백양구에는 카자흐족이 양을 방목하며 생활하는 파오가 있다. 카자흐란 '방랑자'를 뜻하며 계절에 따라 옮겨 다닌다. 그곳의 관광용 파오에서 카자흐족의 독특한 버터 차나 마유주를 마시거나 통째로 구운 양고기를

텐구르봉 빙하

먹으면서 민족무용이나 경마 등 민족적 행사를 볼 수도 있으며 말을 타볼 수도 있다.

천산 제1호 빙하

우루무치 시내에서 동으로 120㎞, 도중에 험준한 협곡을 지나 약 2시간을 가면 아름다운 빙하氷河를 만난다.

높이 약 4,000m의 텐구르봉天格爾峰의 꼭대기까지 76개의 빙하가 있어 「빙하의 왕국」이라고 불린다. 그중 「천산 제1호 빙하天山一號氷河」는 길이 2.2㎞, 폭 500m에 면적이 1.95㎢나 되는 중국에서 가장 큰 빙하이다. 날씨가 좋은 날에는 짙푸른 하늘과 은빛의 하얀 빙하가 대조를 이루어 매우 아름답다.

모스크

불타는 땅 투루판

15

손오공의 무대-화염산 기슭의 오아시스

둔황의 북서로 835㎞, 우루무치의 남동으로 180㎞에 불타는 땅 투루판吐魯番이 자리한다. 둔황과 우루무치 사이에 있는 오아시스 도시이다. 투루판은 돌궐 말로 '풍요로운 곳'이라는 뜻이다. 이전에는 우루무치에서 투루판을 가려면 험준한 천산 산맥의 기슭을 지나 5시간이나 걸렸다. 지금은 고속도로가 개통돼 2시간 반이면 갈 수 있다.

우루무치 시내를 벗어나면 바로 투루판까지 푸른 하늘 아래 광대한 고비사막이 펼쳐진다. 황량한 사막 속에 지평선까지 고속도로가 뻗어 있고, 도로와 나란히 철로가 놓여 있다. 우루무치에서 둔황을 경유하여 란저우로 가는 난신 철도蘭新鐵道이다.

우루무치에서 투루판까지의 황야는 일 년 내내 풍속 50m의 센 바람이 그치지 않는 강풍 지대이다. 높이 30m의 하얀 탑처럼 보이는 300기가 넘는 풍력발전용 풍차가 숲을 이룬다. 지평선 멀리 4,000m

높이의 만년설이 덮인 천산 산맥의 연봉들이 아름답다.

서유기-손오공의 무대

투루판은 돌에서 태어난 천하무적의 불사신 원숭이 손오공孫悟空이 등장하는 《서유기西遊記》의 무대이다. 서유기는 중국 명나라 시대에 오승은吳承恩(1500~1582)이 지은 기상천외의 환상소설이다.

투루판은 면적 6만 9천㎢에 인구 약 60만 명의 사막 속의 오아시스 도시다. 도시가 바다보다 60m나 낮다. 인구의 70%가 중앙아

고창고성 유적

시아의 투르크계 민족인 위구르인이다. 이슬람교 사원을 비롯하여 아라비아 문자의 간판, 화려한 색과 무늬의 옷으로 단장한 여인들, 양고기와 야채로 만든 위구르 요리에 이르기까지 도시의 분위기가 중국이라기보다 중앙아시아에 가깝다.

투루판은 사막의 한가운데 자리하고 있어 기온이 매우 높고 건조하다. 1년에 섭씨 38도를 넘는 날이 100일이 넘는다. 7~8월에는 48도, 지열까지 합쳐 온도가 70도를 넘는 날이 많다. 연간 강우량은 16㎜ 밖에 안 된다.

고창고성의
당나귀 마차

투루판은 실크로드의 오아시스 중에서도 가장 더운 곳이라 「훠저우火州」라고 불린다. '불의 땅'이라는 뜻이다. 너무 더운 지역이라 집집마다 실내온도가 지상보다 낮은 서늘한 반지하방이 있다. 투루판은 풍속 20m 이상의 강한 바람이 부는 날이 많아 「풍차風車」라고 불린다. 또한 일조시간이 길고 건조한 기후와 천산 산맥의 눈 녹은 물에 포도를 비롯하여 목화 등 농산물이 잘 자라는 「천연의 온실」이다.

투루판의 역사

오아시스 도시로 발전한 투루판은 한나라 시대에는 교하고성을 왕성王城으로 한 처쉬국車師国으로, 그리고 5~7세기 무렵에는 한족이 세운 고창국高昌國(498~640)으로 크게 번영했다. 당나라는 고창국을 멸망시키고 이곳에 안서 도호부安西都護府를 설치하여 직접 지배했다. 그 후 티베트, 서 위구르, 몽골, 동 차가타이, 카슈가르, 중가르 등이 투루판을 지배했다. 투루판은 당나라 시대에는 시저우西州, 원나라와 명나라 시대에는 훠저우火州였다가 청나라 시대에 투루판으로 바뀌었다.

투루판의
반지하방 입구

교통의 요지

투루판은 실크로드의 중요한 거점의 하나였다. 천산 산맥을 끼고 북으로 가면 천산북로, 남으로 가면 천산 남로로 갈라지는 분기점에 투루판이 있다. 지금은 철도 난신선蘭新線과 남강선南疆線의 분기점으로 예나 지금이나 교통의 요지이다. 투루판에서 남으로 가면 타클라마칸 사막을 지나 허텐, 동으로 가면 쿠처를 지나 카슈가르, 서로 가면 누란樓蘭을 지나 둔황, 그리고 북서로 가면 우루무치로 연결된다.

투루판은 일조시간이 길고 기후가 건조하기 때문에 특산물로 포도와 참외 하미과哈密瓜가 유명하다. 투루판 분지에는 유적이 많다. 가장 유명한 곳이 소공탑, 고창고성, 교하고성, 베제클리크 천불동, 아스타나 고분, 아이딩 호 등이다.

투루판의 명물 포도밭 계곡

투루판은 포도 특히 백포도로 만든 건포도가 유명하다. 천산 산맥의 눈이 녹은 깨끗한 물과 강한 햇볕에서 자란 포도를 9~10월에 수확하여 건조창고에서 화염산의 뜨거운 바람을 이용하여 자연 건조한 건포도는 당분이 응축되어 당도가 매우 높으며 색깔이 반투명한 황록색이다.

투루판의 북동으로 11㎞, 화염산의 서쪽에 폭 1㎞, 길이 8㎞의 큰 포도밭 지대가 있다. 명성 높은 포도밭 계곡이다. 여름이 되면 투루판의 포도밭 계곡은 무성한 녹색 포도 잎, 푸른 하늘, 붉은 화염산, 그리고 위구르 여성의 원색에 가까운 화려한 민족의상이 어울

포도 회랑

려 매우 화려하고 호화롭다.

이곳의 포도 재배의 역사는 오래다. 5~6세기 무렵부터 고창국에서 포도를 재배하기 시작했다. 투루판에서 재배되는 포도의 종류가 600종이 넘는다. 150년이 넘는 포도나무도 많다. 그 중에서 대표적인 포도는 「말의 유방」이라고 불리는 흰 포도다. 매년 8월 말에 포도나무로 덮여 있는 투루판 시내의 청년로에서 포도축제가 열린다.

사막의 우물 카레즈

투루판 시내를 벗어나면 바로 고비사막이다. 불모지대나 다름없는 투루판 분지를 차로 달리면 도로를 따라 일정한 간격으로 솟아있는 흙뭉치를 볼 수 있다. 이것이 카레즈karez라고 불리는 인공 지하수로人工地下水路이다. 카레즈는 페르시아 말로 '파서 물을 흐르게 하는 시설'이란 뜻의 카나트Qanat에서 유래됐다. 중국에서는 칸칭坎井이라고 부른다. 아라비아 말로 '지하수로'를 뜻하며 영어의 '운하canal'의 어원이다.

카레즈는 천산 산맥의 만년설이 녹은 물이 사막에 스며들어 지하수가 돼 흐르는 것을 40~50m 간격으로 우물을 파서 이것을 서로 연결하는 형태로 만든 지하수로이다. 우물을 이용하여 땅으로 물을 퍼 올려 관개나 생활 용수로 사용한다.

투루판에는 1,200개가 넘는 카레즈가 있다. 한 개의 길이가 수십 ㎞나 되며 투루판 지하에 깔려있는 수로의 전체 길이가 5,000㎞가 넘는다. 카레즈의 우물은 깊은 것은 70m나 된다. 투루판은 카레즈를 이용하여 천산의 만년설이 녹은 물을 끌어들여 오아시스를 이루고 있다. 투루판 일대는 중국에서 가장 건조한 지대인데도 맑은 물이 넘치며 쌀, 밀, 목화, 과일 특히 포도의 산지로 유명하다.

카레즈

투루판으로 가는 도중에 카레즈의 구조와 카레즈를 만드는 과정을 모형으로 만들어 전시하고 있는 카레즈 박물관이 있다.

투루판 박물관

투루판의 중심에 있는 투루판 박물관은 규모는 작지만, 실크로드의 역사를 알 수 있는 중요한 박물관이다. 1층에는 고창고성, 교하고성, 베제클리크 천불동, 아스타나 고분 등에서 출토된 석기, 목기, 토기. 비단. 모직물 등 투루판의 역사를 중심으로 한 문물이 전시되고 있다. 2,400만 년 전의 길이 9m의 거대한 골격 화석도 전시되고 있다.

2층은 아스타나 고분에서 발굴된 고창국의 미라와 고대 생물의 골격 화석 등을 전시하고 있다. 특히 이곳의 아스타나 고분에서 발굴된 비단그림絹繪이 유명하다. 지하에는 두 체의 고대 미라가 안치돼있다.

투루판 박물관

소공 탑

투루판에서 남동으로 2㎞ 떨어진 교외에 소공 탑蘇公塔이 서 있다. 위구르인은 「투루판 탑」이라고 한다. 1788년 투루판의 제2대 왕 소래만蘇来満이 아버지를 추모하기 위해 세운 높이 44m, 밑지름 10m의 신장에서 가장 큰 이슬람 건축양식의 첨탑이다. 내부가 72층이다.

탑은 아름다운 아라베스크 무늬로 장식되어 있으며 높이가 다른 14개의 창문이 있다. 한문과 차가타이 말로 쓴 건탑비建塔碑가 있다. 탑 안의 계단을 이용하여 꼭대기까지 올라가면 주변의 포도밭과 투루판 시내를 한눈에 볼 수 있다.

투루판 교외의
소공탑

소금물 호수 아이딩 호

투루판의 남으로 40㎞의 투루판 분지에 염수호鹽水湖인 아이딩 호艾丁湖가 있다. 아이딩(애정)은 위구르 말로 '달빛'이라는 뜻이다. 호수의 물이 계속 증발하여 호수 표면에 덮여 있는 소금의 결정이 햇빛에 반사하여 하얗게 빛나 달빛처럼 보인다 해서 붙여진 이름이다. 그래서 월광호月光湖라고도 불린다.

호수의 수면이 바다보다 154m나 낮아 세계에서 가장 낮은 이스라엘의 사해死海(수심392m), 에티오피아 다나킬 평원에 이어 세 번째로 낮다. 길이 40㎞, 폭 8㎞, 면적이 152㎢의 큰 호수이다. 봄에는 만년설의 눈이 녹아 물이 차지만 여름에는 호수 물이 증발하여 바닥이 드러난다.

염수호
아이딩 호

복희여와도-아스타나 고분

투루판의 고대유적

16

교하-고창고성-아스타나-베제클리크 천불동

투루판의 교외에 유적이 많다. 투루판 일대에 170개가 넘는 유적이 널려있다. 그중 유명한 유적이 교하고성과 고창고성의 두 고성 유적, 아스타나 고분 그리고 베제클리크 천불동이다.

교하고성

투루판의 서로 약 8㎞, 두 하천이 만나는 계곡의 절벽 위에 교하고성이 있다. 교하交河는 '두 하천이 서로 만난다'는 뜻이다. 이 고성 유적은 기원전 2세기 한나라 시대에 처쉬족車師族이 세운 도성 유적으로 세계문화유산으로 등록돼있다.

이 유적은 두 강이 만나면서 만들어진 나뭇잎 모양의 대지 위에 세운 성곽도시 유적으로 그 주위를 높이 30m의 절벽이 둘러싸고 있는 천연 요새이다. 위구르 말로 '절벽 위의 성'이라는 뜻으로

교하고성

야르허트雅爾和圖, 중국 말로 '벼랑 끝의 성'이라는 뜻으로 아이얼성崖兒城이라고 부른다. 유적의 규모가 남북으로 650m, 동서 최대 300m, 총면적 38만㎡로 고창고성보다 작으나 보존상태가 매우 좋다.

고창고성은 한나라 이후에 진출해온 한족의 땅이었으나 교하고성은 기마유목민족인 처쉬족[1]의 땅이었다. 두 성이 70㎞밖에 떨어져 있지 않은데도 각각 독자적인 문화를 갖고 있었다. 450년에 처

1) 알타이계 민족으로 중앙아시아의 천산 산맥의 동쪽 기슭에 정착. 대표적인 국가로 차사전국과 차사후국이 있었으며 5세기에 고창국에 의해 별망

쉬국車師國이 망한 후에는 이 고성도 한족이 지배했다. 7세기에 고창국을 멸망시킨 당나라는 이곳에 서역 지배의 거점으로 안서 도호부安西都護府를 설치했다.

교하고성은 지면에서 흙벽돌을 쌓아서 조성한 것이 아니라 위에서부터 아래로 땅을 파서 만든 것이 특징이다.

동쪽과 남쪽에 성문이 있으며 성내에 길이 350m의 큰 도로가 남북으로 뻗어있다. 길을 중심으로 남쪽은 일반주민의 거주 지역이었고 중앙은 관청 거리였다. 북쪽은 불교사원 유적이 모여 있는 지대로 많은 불탑이 남아 있다. 매우 건조한 기후 풍토 때문에 유적의 보존 상태가 비교적 양호하다.

교하고성의 서쪽에 있는 천불동에는 7개의 석굴이 있으며 가장 오래된 벽화가 남아 있는 제1굴은 천정에 청색 꽃 그림, 좌우 벽에 천불이 장식돼있다. 중앙의 제4굴에는 벽에 과거칠불過去七佛[2], 그리고 천정에 천불이 장식돼있다.

죽음의 도시 고창고성

투루판에 동으로 45㎞, 5세기부터 7세기까지 이 지역을 지배했던 고창국의 왕성王城이었던 고창고성 유적이 있다. 서역의 나라들은 대부분이 투르크계나 몽골계 왕조가 세웠으나 고창국만은 한족 왕조가 세웠다. 고창국에는 4세기 말에 불교가 전래됐다.

---

2) 석가모니불의 탄생전의 과거에 출현했던 일곱 부처. 석가모니가 칠불의 맨 끝에 위치.

고창고성은 「전국 중점 문물 보호 단위」로 지정돼있는 국보급 유적이다. 한족 왕조의 유적이지만, 돔이 있는 건물이나 계단식 불탑 등 인도양식의 유적이 많다. 고성 유적의 크기가 동서 1.6㎞, 남북 1.5㎞, 높이 11m로 성벽의 둘레가 5.4㎞에 면적이 220㎢이다. 고성은 외성과 내성, 궁성宮城으로 나뉘어 있다. 성안에 왕성, 종교사원, 주거지 등의 유구가 남아있고 사원 유적지에는 불교사원, 불교 탑, 그 외에 마니교, 경교의 사원 터가 남아있다. 건물은 모두 햇빛에 말린 흙벽돌로 만들었으나 풍화돼 대부분이 폐허가 됐다.

7세기 초에 당나라의 삼장법사 현장이 불경을 구하기 위해 인도로 가는 도중에 고창국 왕 국문태麴文泰의 초청으로 와서 머물면

고창고성

서 불교를 강의했다. 인도에서 창안으로 돌아갈 때도 다시 방문했지만, 그때는 고창국이 당나라에 멸망한 뒤였다.

투루판 분지의 동남쪽 약 40㎞, 화염산을 바라볼 수 있는 고비사막의 한가운데 위치해 있는 고창고성 유적은 옛 고창국의 성적城跡이다. 한나라 때는 고창 벽高昌壁이라고 불린 군사요새였으며 5세기 무렵에 고창국이 건국됐다. 그 후 국씨麴氏 등 한족을 왕으로 하는 네 왕조가 이어졌다가 당나라에 의해 멸망됐다. 당나라는 고창국을 멸망시킨 뒤 고창고성에 안서 도호부를 두어 서역을 지배했다. 9세기 무렵에는 위구르인이 세운 위구르 고창 왕국回鹘高昌王国의 수도로 번영했으나 13세기에 있었던 전란으로 모두 파괴됐다.

고창고성은 성내의 12곳에 대문이 있었으며 시장, 사원, 민가 등의 구역이 나누어져 있었고 인구가 3만 명이나 됐다 한다. 성문을 들어서면 광대한 유적이 펼쳐져 있다. 고창고성은 현재 성지城址에는 둘레 5.6㎞, 높이 11.5㎞로 삼중으로 된 성벽, 성문, 마니교[3] 사원, 불교사원, 계단식 불탑 등이 남아있다.

1,500년 전에 창안을 출발한 삼장법사 현장이 인도로 법전을 구하로 가는 도중에 둘러서 2개월 머물면서 불경을 강의 했다는 사원의 대강당, 승원僧院, 불탑의 유적도 그대로 남아 있다. 왕궁적도

3) 3세기 페르시아 왕국에서 마니가 창시한 종교. 그리스도교나 조로아스터교의 이단으로 여겨지기도 했으나 하나의 종교로 자리잡았다

베제클리크 천불동

남아 있다. 현장은 이곳에서부터 대사막을 "갸티, 갸티, 하라 갸티, 하라소우갸티…"라고 반약심경般若心經을 읊으면서 사막을 건너갔던 것이다. 입구에서 당나귀를 타고 돌면서 관광할 수 있다.

아스타나 고분

고창고성의 동북쪽 부근에 화염산을 마주 보고 아스타나 고분이 있다. 사막의 한가운데 흙벽으로 둘러싸인 넓은 지역에 500기가 넘는 고대 고창국 귀족들의 지하무덤들이 모여 있다. 아스타나는 위구르 말로 '영원한 휴식'이라는 뜻이다.

그중 유명한 것이 두 체의 미라가 누워 있는 많은 벽화가 장식돼있는 무덤이다. 벽화 중에는 「복희여와도伏羲女蝸図」, 「무악도舞楽図」,

「목마도牧馬図」, 「수하미인도樹下美人図」, 「수하인물도樹下人物図 」등이 있다. 아스타나 고분에서 발굴된 유물들은 투루판 박물관에 전시되고 있다. 건조지대인지라 출토품의 보존상태가 매우 좋다.

손오공의 무대 화염산

투루판 분지의 북쪽에 투루판의 심벌인 《서유기》의 무대인 화염산이 있다. 위구르 말로 '붉은 산紅山'이라는 뜻이다. 동서로 100m, 남북으로 10㎞, 초목이 하나도 없는 붉은색 사암紅沙巖으로 된 민둥산이다. 높이 850m의 승금구勝金口가 최고봉이다. 바위산에 햇볕이 비쳐 뜨거운 기류가 산 위로 올라가면서 마치 산이 타고 있는 것처럼 보인다.

화염산은 《서유기》의 손오공[4]의 파초선芭蕉扇 이야기가 유명하다. 서유기는 16세기 명나라 시대의 소설로 삼장법사 현장의 인도 기행문인 《대당서역기》를 기초로 삼장법사, 손오공, 사오정, 저팔계가 중국을 떠나 먼 인도를 갔다가 돌아오기까지의 모험 이야기이다. 손오공이 여의봉如意棒을 휘둘러 마녀와 싸워 빼앗은 부채 파초선으로 불을 꺼서 삼장

화염산에 설치된
지상온도계

4) 『서유기』의 주인공. 붉은 원숭이의 모습을 하고 있다.

화염산

법사 일행이 타오르는 산을 넘어 인도로 갔다는 서유기의 무대가 화염산이다. 입구에 화염산을 배경으로 삼장, 손오공, 팔계八戒, 오정悟淨의 소상이 설치돼있다.

베제클리크 천불동

불교는 서역과 실크로드에 많은 문화유적을 남겼다. 투루판에서 북동으로 38㎞, 누란과 투루판 사이, 화염산의 북쪽 기슭에 있는 목두천木頭川의 절벽에 베제클리크 천불동이 있다. 베제클리크는 '아름다운 벽화가 있는 집'이라는 뜻이다.

베제클리크 천불동 벽화

강가의 높이 200m나 되는 적갈색의 절벽에 83개의 석굴사원을 조성했으나 지금은 57개가 남아 있다. 그중 벽화가 장식돼 있는 24개의 석굴이 위구르 불교문화의 보고를 이루고 있다. 석굴 중 천정화가 아름다운 제19굴은 당나라 시대, 외국 사절이 그려져 있는 제39굴은 위구르 왕국 시대에 조성한 것이다.

베제클리크 천불동은 5세기 말, 고창국 시대(499~640)에 만들기 시작하여 7~8세기의 당나라 시대와 11~13세기의 위구르 불교의 전성기에 크게 번성했다.

그러나 14세기에 이슬람교가 투루판에 들어오면서 석굴사원이 크게 파괴됐다. 더욱이 20세기에 스타인 등 외국 탐험가들의 심한 도굴과 약탈로 벽화가 훼손되거나 벽화를 해외로 반출해 버려 지금은 그 일부만 남아 있다. 약탈의 참상은 피터 홉커크 《외국의 악마들foreign devils》, 우리나라 번역서 《실크로드의 악마들》에 상세히 소개돼있다.

오타니 컬렉션
(국립중앙박물관)

남아 있는 벽화 중에서는 제39굴의 「각국 왕자 거애도各国王子挙哀図」와 「비구 애거도比丘哀挙图」가 유명하다. 그 밖에 제16굴의 「기악도伎樂圖」, 제17굴의 「지옥변地獄變」, 제20굴의 「왕비도王妃圖」, 「불 열반도佛涅槃圖」와 「서원도誓願圖」 등 많은 불화가 있다. 「거애도」에서 장례 때 유족이 슬퍼 우는 것을 그린 벽화지만, 이 벽화에 서역의 여러 소수민족의 모습, 옷 모양, 머리 모양, 장식 등이 묘사되어 있다. 당시의 풍속과 생활 모습을 엿볼 수 있다. 「서원도」는 전세에 석가모니불이 과거불에 기원하여 미래에 성불이 될 것을 약속받는다는 본생담을 그린 불화이다.

현재 우리나라의 국립중앙박물관에 일본 교토의 니시 혼간사西本願寺의 주지였던 오타니 고즈이大谷光瑞(1876~1948년) 탐험대가 약탈해온 불화와 유물을 조선총독부 박물관에 기증한 40여 점이 소장돼있다.

OASIS

실크로드의 오아시스 도시들

에이티 가르 모스크

민족·문화의 십자로 카슈가르

17

중국 실크로드의 마지막 오아시스 도시

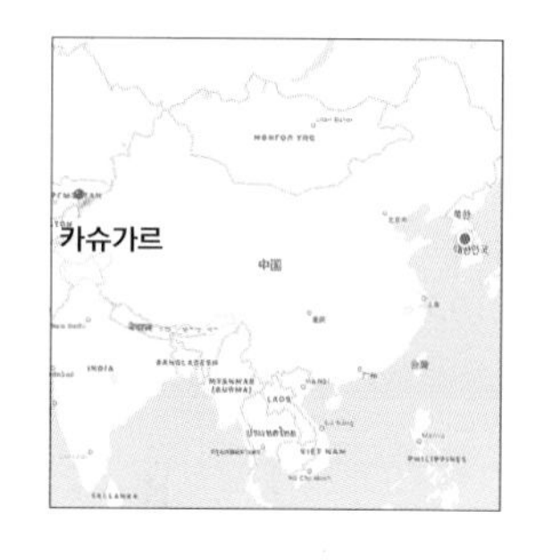

시안을 출발한 실크로드의 사막의 길은 둔황까지 외길이다. 하서회랑을 거쳐 둔황에서 서역으로 들어서면서 천산북로, 천산남로, 그리고 서역남도의 세 갈래로 갈린다. 그리고 타클라마칸 사막을 횡단하고 나면 중국 실크로드의 맨 서쪽 끝인 카슈가르에서 다시 만난다. 그 사이에 많은 오아시스 도시들이 있지만, 그중 유명한 것이 천산북로의 이닝, 천산남로의 누란과 허텐, 그리고 서역남도의 쿠처이다.

위그르인의 마음의 고향

중국 실크로드의 서쪽 마지막 오아시스 도시 카슈가르는 타클라마칸 사막의 서쪽 끝에 있는 국경도시이다. 파키스탄. 아프가니스탄, 러시아와 국경이 맞닿아 있다. 카슈가르는 세계의 지붕 파미르 고원의 북쪽 기슭에 자리한다. 고도 1,200m의 고원도시로 서역 서부의 정치, 경제, 문화, 교통의 중심이다.

고대 페르시아 말로 '옥이 모이는 장소'라는 뜻의 카슈가르는 위구르인의 마음의 고향이다. 우루무치에서 약 1,600㎞ 떨어져 있으며 버스로 23시간, 항공편으로 2시간 반이 걸린다.

카슈가르에서 실크로드를 따라 북으로 가면 천산 산맥을 넘어 키르기스탄, 서로 가면 파미르 고원을 넘어 타지키스탄, 남으로 가면 쿤쥬라브 언덕을 넘어 파키스탄·인도로 이어진다.

위구르인의 이슬람 도시

카슈가르는 면적 294㎢, 인구 약 37만 명으로 중국 실크로드의 맨 서쪽에 있는 오아시스 도시이며 인구의 80%가 이슬람교도인 위구르인이다. 위구르인은 투르크계 민족으로 중앙아시아에 분포돼있다. 위구르인은 얼굴이 서양인과 동양인의 중간 모습이다. 민족의상이 매우 다채롭고 화려하다. 남자들은 모두 민족모인 위구르 모를 쓰고 있고 여자들은 머리에 여러 가지 색의 천을 두르고 있다.

모스크와 이슬람 건축물이 즐비하게 서 있어 카슈가르는 중국답지 않고 이국정서가 넘치는 이슬람 도시이다. 당나라 때 현장법사가 인도로 구도여행을 갔을 때만 해도 카슈가르는 불교 도시였다.

카슈가르는 국가급의 「국가역사문화명성国家歷史文化名城」으로 지정돼있는 중국우수관광도시이다. 이곳에 현재 100개가 넘는 이슬람 사원이 있다. 특히 도심에 노란 벽돌의 정문과 첨탑이 있는 중국 최대의 이슬람교 사원 에이티 가르 청진사Idkah Mosque가 유명하다.

기원전부터 역사에 등장한 카슈가르는 한나라 시대에는 서역

36국의 하나인 소록국疏勒国이었다. 그 뒤 흉노 등 북방유목민족국가와 중국왕조의 지배를 번갈아 받았다. 10세기 무렵에 카라한 왕조Karakhan Dynasty(940~1132)가 카슈가르를 지배하면서 위구르인의 도시가 되어 이슬람화 됐다.

카슈가르는 실크로드의 「바다의 길」이 열리면서 활기를 잃었다. 18세기에 청나라의 건륭제가 신장을 정복했을 때 중국에 예속돼 오늘에 이른다.

카슈가르의 볼거리

위구르인의 도시 카슈가르에는 중국에서 가장 큰 이슬람 사원 에이티 가르 모스크, 카슈가르의 통치자였던 아팍 호자의 무덤인 향비묘, 그리고 이슬람 분위기가 넘치는 일요 바자르(시장)가 있다. 교외에는 카라한 왕조의 사자왕獅子王의 무덤과 카라쿠리 호수가 있다.

향비 묘

에이티 가르 청진사

카슈가르의 도심에 약 600년의 역사를 가진 이슬람 사원 에이티 가르 청진사가 있다. 중국에서는 이슬람교를 회교回教라고 하지만, 이슬람교도들은 청진교라고 한다. 에이티 가르 청진사는 원래 이슬람교의 대학이었다.

남북 140m, 동서 120m에 면적 1만 6천㎡의 큰 사원으로 최대 7천 명을 수용할 수 있다. 좌우에 높이 18m 첨탑이 서 있고 노란색을 중심으로 여러 색의 타일 벽이 매우 인상적이다. 사원 안에 140개의 기둥이 있으며 천장의 아라베스크 무늬가 매우 아름답다. 에이티 가르는 페르시아 말로 '축제 광장'이라는 뜻이다.

이슬람교도는 자유로 출입할 수 있지만, 관광객은 입장료를 내야 한다. 에이티 가르 청진사의 동쪽에 노성老城이라고 불리는 카슈가르의 구시가가 자리한다.

이슬람식 무덤 향비묘

카슈가르의 북동쪽으로 5㎞ 떨어진 곳에 돔 모양의 모스크로 된 중앙아시아의 이슬람식 무덤 향비묘香妃墓가 있다. 17세기 카슈가르를 통치한 아팍 호자Abakh Khoja(1622~1685)와 그의 가족의 무덤이다.

청나라 말기에 위구르인으로서 황제 건륭제의 첩이었던 「향비香妃」가 묻혀있다는 전설에 따라 향비묘라고 불린다. 향비라는 이름은 아팍호자의 5대째 손녀로 그녀의 몸에서 언제나 향기가 난다해서 붙여진 이름이다.

카슈가르의 명물 일요 바자르

카슈가르의 동북쪽의 동대문 일대에서 매주 일요일에 신장 최대의 바자르가 열린다. 정식명칭은 「중서아 국제무역 시장中西亚国際貿易市場」이다. 일요 바자르는 카슈가르의 명물이다. 바자르Bazaar는 위구르 말로 「시장」을 뜻한다.

이 시장은 21개의 전문점으로 나뉘어 있으며 5천 가지가 넘는 상품을 판다. 매주 한번 근교로부터 가축이나 과일과 야채, 그리고 카슈가르와 신장 일대의 다양한 특산물이 나온다, 뿐만 아니라 많은 소수민족이 시장에 모이는 것으로 유명하다. 상품의 정가가 없으며 교섭하기에 따라 가격이 달라진다.

카슈가르의
일요 바자르

쿠즈루가하 봉화대

옛 불교왕국 쿠처

18

서역 지배의 거점 – 키질 천불동

천산 산맥의 남쪽 기슭, 타클라마칸 사막의 북쪽 가장자리에 실크로드 천산 남로의 동서교역의 중계지 쿠처가 자리한다.

우루무치에서 기차로 18시간, 카슈가르에서 11시간 걸리는 쿠처는 면적 1.5만㎢에 인구 39만 명의 아담한 도시로 주민의 대부분이 위구르인이다. 포플러 가로수가 무성한 도심을 조금만 벗어나면 당나귀 마차가 다니는 전형적인 실크로드의 오아시스 도시이다. 주변에 키질 천불동, 수바시 고성, 쿠처 고성, 쿠처 왕릉 유적, 그밖에 많은 불교유적이 있다.

서역 지배의 거점

쿠처의 옛 이름은 구자이다. 고대 서역 36국 중 가장 번영한 고대 불교 왕국인 구자국龜玆國의 수도였다. 서역의 대표적 음악 「구자악龜

茲樂」으로 유명하며 명승으로 불경을 많이 번역한 구마라습이 태어난 곳이다.

2세기 한나라 시대에 서역 도호부, 7세기 당나라 시대에 안서도호부가 설치돼 서역 지배의 거점이었다. 안서 도호부에는 당나라 장군이자 고구려 유민의 후손인 고선지高仙芝가 절도사로 임명돼 오래 동안 부임했다. 신라의 고승 혜초도 이곳을 지나가면서 왕오천축국전에 기록을 남겼다. 쿠처는 10세기에 위구르, 12세기 서요와 몽골에 정복돼 쇠퇴하다가 13세기에 완전히 사막에 묻혀 자취를 감추고 말았다.

쿠처의 볼거리

시내는 넓지 않아 걸어서 돌아볼 수 있다. 불교가 제일 먼저 들어온 곳이 쿠처로 일찍부터 불교가 성행했다. 그렇기 때문에 주변에 불교 유적이 많이 남아 있다. 대표적인 유적으로 키질 천불동을 들 수 있다. 그밖에 옛 거리와 박물관을 합친 쿠처왕부庫車王府, 이슬람교 사원 쿠처대사, 수바시 고성, 쿠즈루가하 봉화대烽火台, 쿠무투라Kumutula 천불동 등이 있다.

구시가에 있는 쿠처대사庫車大寺는 길이 126m, 폭 144m로 신장 위구르 자치구에서 카슈가르의 에이티 가르 사원 다음으로 큰 이슬람교 사원이다. 16세기에 세웠으나 20세기 초에 불에 타 재건된 모스크이다. 수천 명이 예배 볼 수 있는 예배당과 높이 20m의 첨탑이 서 있다. 쿠처대사는 종교 법정이었으며 코란의 가르침에 따라 벌을 내렸다고 한다. 쿠처대사에서 조금 떨어진 곳에 쿠처왕부가 있다.

수바시 고성 유적

수바시 고성蘇巴十古城은 쿠처의 중심에서 북동으로 20㎞에 있는 불교사원 유적이다. 수바시는 위구르 말로 '물의 원천'이라는 뜻이다. 천산 산맥에서 발원한 구자 강이 한가운데를 흐르고 있어 붙은 이름이다. 수바시 고성은 동사東寺와 서사西寺로 나뉘어 있으며 신장 위구르 자치구에 있는 불교사원 유적 중에서 가장 크다. 당나라 고승 삼장법사 현장이 인도로 가는 길에 잠시 머물었던 곳이며 그의 《대당서역기》에도 나온다.

쿠처의 서로 20㎞에 있는 쿠즈루가하 봉화대는 한나라 시대에 만든 높이 13.5m, 남북 폭 4.5m, 동서 폭 6m의 큰 봉화대 유적이다. 한나라는 군사시설인 봉화대를 15㎞마다 하나씩 두었다. 쿠즈루가하는 위구르 말로 '주둥이가 붉은 까마귀'라는 뜻으로 봉화대를 상징한다.

키질 천불동

쿠처의 중심에서 서북으로 약 70㎞ 떨어진 무자라트 강의 절벽에 타클라마칸의 비보秘寶 키질 천불동이 있다. 키질은 위구르 말로 '붉은 색'이라는 뜻이다. 현재 236개의 석굴이 있는 타클라마칸 사막 최대의 불교유적이다. 입구에 구마라습의 동상이 앉아있다. 이 천불동

키질 천불동

키질 천불동
제38굴의 벽화

은 3세기부터 8세기 말까지 조성된 중국에서 가장 빨리 조성된 석굴사원이다.

이 석굴은 20세기 초에 독일, 러시아, 일본의 탐사대가 도굴해가 버려 불상은 많이 남아있지 않다. 벽화는 석가의 탄생부터 열반에 이르기까지를 그린 「불전도」, 석가의 생전의 이야기를 그린 「본생도」, 그리고 고대 서역의 소수민족의 풍속도가 남아 있다. 이곳 벽화는 간다라 양식으로 그린 찬란한 색채가 특징이다.

키질 천불동의 반대쪽에 서역을 대표하는 또 하나의 불교 석굴사원인 쿠무투라 천불동이 있다. 쿠무투라는 위구르 말로 「모래 지대」 라는 뜻이다. 무자라트 강의 하류에 있어 「아래 천불동」이라고도 부른다. 5세기부터 8세기에 걸쳐 만든 이 석굴에 현재 112개의 석굴이 있다. 그 중 40굴에 보존상태가 좋은 벽화가 있다.

허텐의 사막

비단과 옥의 고향 허텐

19

그 밖의 실크로드의 오아시스 도시들

타클라마칸 사막의 남쪽 가장자리와 곤륜 산맥의 북쪽 기슭의 사이에 비단과 옥의 산지로 유명한 허텐이 자리한다. 허텐은 면적 189㎢, 인구 30만 명, 그중 위구르인이 80%를 차지하는 서역남도 최대의 오아시스 도시이다.

허텐 옥시장

7세기에 불교 경전을 구하로 인도에 구법 여행을 한 삼장법사 현장도 돌아올 때 허텐에 들렀다. 그는 당시의 우전 왕국(지금의 허텐)을 기리켜 「서역 제일의 문화국」이라고 했다.

우루무치에서 허텐까지 19시간, 카슈가르에서는 1시간 걸린다. 허텐 근교는 아름다운 포플러 가로수가 터널을 이룬다.

옛 허텐은 기원전 3세기부터 11세기까지 서역남도 일대를 지배했던 불교왕국인 우전 왕국于闐王國(59~1006)의 수도였다. 우전은 위구르 말로 '옥의 마을'이라는 뜻이다. 선선鄯善, 소륵疏勒, 구자, 언기焉耆와 함께 타림분지 5대국 중의 하나였던 허텐은 중국에 불교가 전

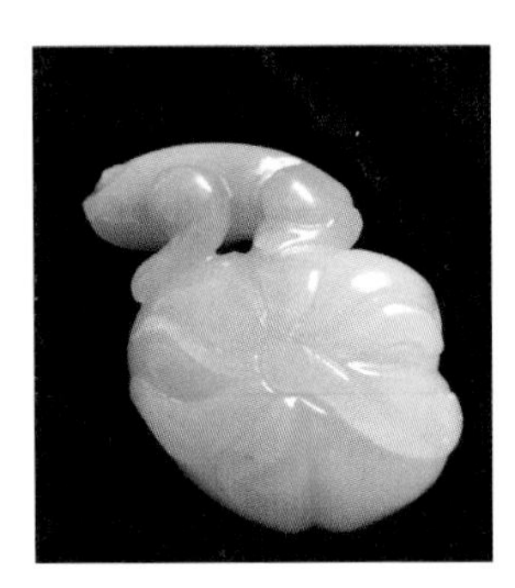
허텐의 옥

파된 최초의 오아시스 도시였다.

허텐은 예로부터 옥과 비단의 생산지로 유명하다. 전설에 따르면 비단은 중국에서만 생산됐다. 그런데 허텐 왕에게 시집온 중국의 왕녀가 모자 속에 누에와 뽕나무 씨를 몰래 숨겨 갖고 와 그때부터 허텐에서도 비단을 생산하게 됐다고 한다.

허텐의 옥은 그 역사가 오래다. 곤륜 산맥의 눈이 녹은 물이 옥과 함께 흘러 내려온다. 우전 왕국은 「옥의 길玉石之路」을 만들어 옥을 중국, 페르시아로 수출했고 비단은 「비단의 길絲綢之路」을 통해 서양으로 수출하여 번영했다.

위구르인의 바자르로 카슈가르의 일요 바자르, 쿠처의 금요 바자르과 함께 허텐의 일요 바자르가 유명하다. 당나귀 마차에 옹기종기 모여 앉아 바자로 가는 위구르인 가족의 나들이가 매우 인상적이다.

허텐의 볼거리

허텐의 주요한 볼거리로 허텐 박물관, 요트칸 유적, 메리카와트 고성 유적이 있다. 요트칸 유적約特干遺跡은 허텐에서 13㎞ 떨어진 곳에 있는 한나라부터 송나라까지의 고성 유적이다. 메리카와트 고성 유적瑪利克瓦特古城遺跡은 허텐의 남동으로 25㎞, 백옥하의 강변에 있는 한나라부터 당나라까지의 고성 유적인데 남북 10㎞, 동서 2㎞나 되는 큰 고성이다. 우전 왕국의 왕성으로 추정되는 이 고성 유적은 지금은 불교의 흔적은 아무것도 없고 고성에서 한나라 시대의 금동불상과 도자기가 대량으로 발굴됐다. 그밖에 세계의 지붕이라는

카라쿨리 호

파미르 고원의 해발 3,600m에 태고의 신비를 간직한 카라쿨리 호수喀拉庫勒湖가 자리한다. 카라쿨리는 「검은 호수」라는 뜻이다.

그 밖의 실크로드의 오아시스 도시들

시안을 비롯하여 란저우, 주취엔, 둔황, 투루판, 우르무치, 카슈가르, 쿠처, 허텐 외에도 실크로드에는 러우란, 하미, 코루라, 아토슈, 야르칸트莎車, 타슈구르간, 이닝, 알타이 등 오아시스 도시들이 많다.

러우란은 타클라마칸 사막의 동쪽 끝에 있는 실크로드의 중요한 오아시스 도시이다. 창안을 출발하면 실크로드는 둔황을 지나 천산 산맥의 남쪽 기슭의 쿠처를 거쳐 카슈가르에 이르는 천산남로와 니야, 허텐을 거쳐 야르칸트에 이르는 서역남도로 갈린다. 두 실크로드가 갈라지는 분기점에 러우란이 있다.

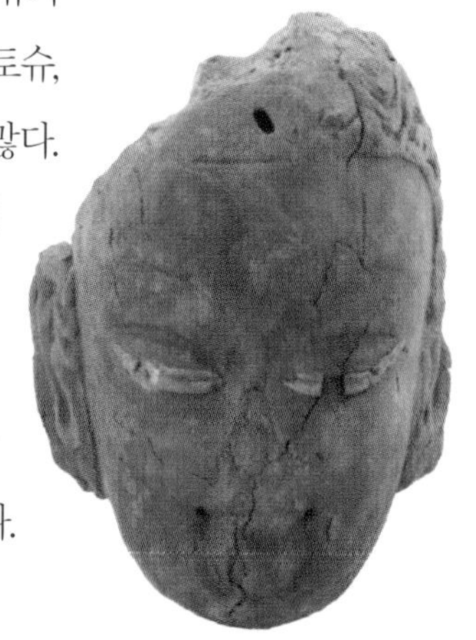

허텐의 사막지대

러우란은 한나라 시대에 러우란 왕국樓蘭王國의 수도로 실크로드의 동서교역의 중심이었다.

그러나 러우란은 소금호수 로프·노르羅布泊의 물이 말라버려 7세기 무렵에 사막에 묻혀 없어졌다. 지금은 옛 성터 유적만 남아 있다.

20세기 말 무렵에 러우란 고성의 서쪽 끝의 작은 모래언덕에 있는 소하묘지小河墓地에서 4천 년 전의 「러우란 미녀樓蘭美女」라고 불리는 아름다운 소녀의 미라가 발견됐다. 이집트의 미라는 약물 처리하여 만들었으나 실크로드의 미라는 자연건조된 것이 특징이다.

이 미라는 모직물로 된 옷과 모자 그리고 가죽 털 신발을 신고 있으며, 오똑하게 선 콧날, 큰 푸른 눈, 흰 살결이 유럽계 여성의 특징을 갖고 있다. 웃는 표정에서 「죽음의 모나리자」라는 별명이 붙은 이 미녀미라는 현재 우루무치의 신장위구르 자치구 박물관 2층의 유리관 안에 보존돼 있다. 한국 시인 김춘수의 시 〈누란의 사랑〉이나 작가 윤후명의 소설 《돈황의 사랑》(2005)은 러우란 미녀를 소재로 한 작품이다.

하미哈密는 천산 산맥의 동쪽 끝에 있는 오아시스 도시이다. 둔황과 투루판의 중간쯤에 있어 둔황에서 차로 5시간 걸린다. 옛날에는 이오伊吾라고 불렀다. 명나라 말부터 청나라 초까지 이 땅을 지배한 하미왕조의 9대 왕의 능묘인 하미왕묘哈密王墓가 유명하다.

야르칸트는 타클라마칸 사막의 서쪽 끝에 있는 서역남도의 오아시스 도시이다. 기원전 2세기 무렵에 서역 최대의 야르칸트 왕국莎車王国(1514~1692)의 왕성이었다. 허텐에서 버스로 7시간 거리이며 북동쪽으로 190㎞에 카슈가르가 있다. 1세기 말에 한나라가 지배했고, 18세기 중엽에 청나라에 예속됐다.

이닝伊寧은 우루무치의 서로 항공편으로 1시간, 버스로 14시간 거리에 있는 천산북로에 자리한 면적 575㎢, 인구 34만 명의 오아시스 도시이다. 한나라 시대에 우즈베크 왕국이 있었으며 「서북 변두리의 진주」라고 불리었다. 이닝이 중국의 지배를 받은 것은 청나라 시대였다. 주민의 대부분이 카자흐 족이다.

이닝의 북으로 120㎞ 떨어진 곳에 몽골 말로 '지붕 위의 호수'라고 불리는 소금호수 사림·놀이 있다. 이닝 부근에는 바람이 불면 귀신 소리가 들린다는 기암괴석이 여기저기 늘어선 마귀성魔鬼城이 있다.

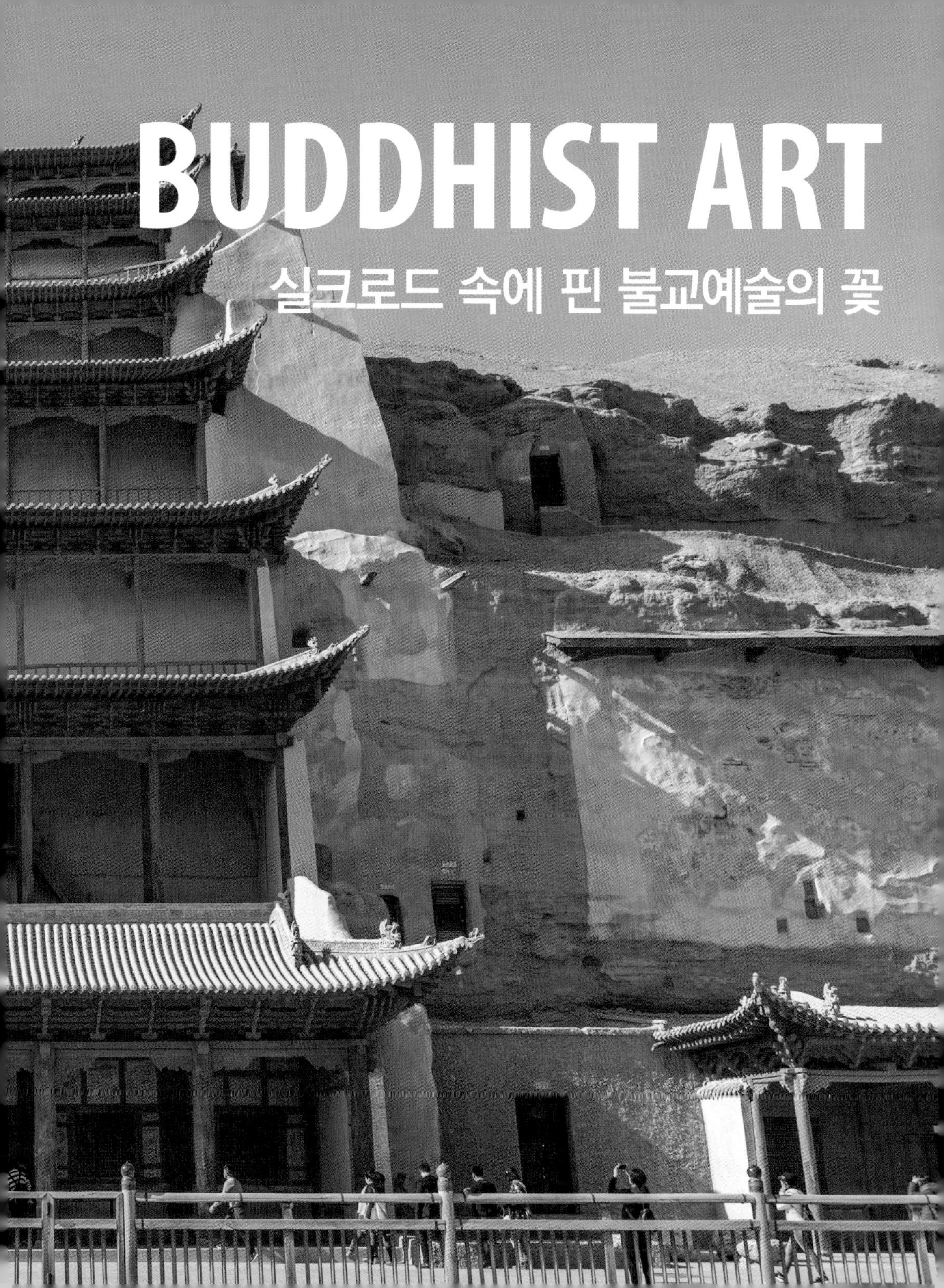
BUDDHIST ART
실크로드 속에 핀 불교예술의 꽃

둔황의 옛 이름 사저우

실크로드의 타오르는 횃불 둔황

20

사막 속에 핀 불교예술의 보고

중국 실크로드 여행의 하이라이트는 둔황의 막고굴莫高窟이다. 시안에서 서쪽 직선거리로 1,000㎞, 우루무치에서 동으로 1,200㎞에 죽음의 사막 고비와 타클라마칸의 두 사막이 마주치는 오지에 실크로드의 타오르는 횃불인 오아시스 도시 둔황이 자리한다. 당나라 시대에 실크로드를 따라 창안에서 둔황까지 가려면 말을 이용하더라도 두 달이 걸렸다.

지금의 둔황은 18세기 전반에 건설된 면적 약 3만㎢에 인구 18만 명의 성시城市이다. 둔황은 오랜 동안 닫혀 있다가 1979년에 외국인에게 개방된 불교예술의 보고이다.

둔황의 옛 이름은 '모래 마을'을 뜻하는 사저우沙州였다. 청나라 시대에 '크게 번성한다' 혹은 '타오르는 횃불'이라는 뜻의 둔황으로 바뀌었다. 예로부터 둔황은 중원에서 서역으로 가는 실크로드의 관문으로 동·서 교역과 문화교류의 중심이었다. 뿐만 아니라 서역 불교 전래의 거점인 쿠처와 함께 둔황은 중국 불교 전래의 거점이었다.

둔황의 기후는 중국 북서쪽의 온대 대륙성 기후대에 속해 있어 여름에는 그다지 덥지 않으나 매우 건조하다. 겨울에는 매우 추우며 영하 10도까지 내려간다. 사막지대이기 때문에 밤낮의 기온 차가 매우 심하다. 둔황 여행은 5월~9월이 가장 좋다.

서역 개척의 전진기지

월지에 이어 흉노가 지배했던 황하 서쪽의 땅인 서역을 중국이 지배한 것은 기원전 2세기 초, 한나라 무제 때였다. 서역에서 흉노를 몰아낸 한나라는 하서 지방河西地方에 직할군 하서사군을 설치하고 맨 서쪽 끝에 있는 둔황을 서역 진출의 전진기지로 삼고 서역과 실크로드를 지배했다.

한나라는 둔황까지 만리장성을 연장하고 그곳에 옥문관과 양관의 두 관소를 두고 실크로드를 안전하게 오갈 수 있도록 관리했다. 또한 둔전병제屯田兵制를 실시하여 평시에는 평민에게 토지를 주어 농사를 짓게 하고 전시에는 전투원으로 동원하도록 했다. 그리고 한족을 이주시켜 둔황 발전의 기초를 마련했다. 둔황의 역사는 이때부터 시작됐다.

한나라가 멸망한 뒤 북위北魏와 서위西魏, 그리고 수나라에 이어 7세기에는 당나라가 둔황을 지배했다. 당나라 시대가 둔황의 전성기로 실크로드의 동·서 교역 및 군사의 중심이었다. 당나라에 이어 티베트, 위구르, 서하, 원나라의 지배를 거치면서 둔황은 점차 쇠퇴

둔황 박물관

했다. 명나라 시대에 「바다의 길」이 열리면서 둔황은 거의 자취를 감추다시피 했다. 그러다 18세기 초에 청나라가 서역의 지배를 강화하면서 도시가 재건되어 지금과 같은 모습이 됐다.

유적이 많은 둔황

둔황 교외에는 역사적·자연적 유적이 많다. 불교예술의 보고 막고굴을 비롯하여 사막의 독특한 매력 있는 자연경관 명사산과 월아천, 고대 실크로드의 관문 양관과 옥문관 유적, 한나라 시대의 장성 유적이 있다. 그밖에 둔황 고성, 둔황 민속 박물관, 백마 탑, 삼위성경, 유림굴, 서천불동, 아단지모雅丹地貌 등 40곳이 넘는 관광명소가 있다.

비천상과 실크로드의 대상상

도심의 중앙 로터리에 둔황의 심벌인 「비천상飛天像」이 서 있다. 막고굴 제112굴의 벽화, 춤추는 비천을 모델로 만든 것이다. 가벼운 스텝을 밟으면서 어깨에 멘 비파를 연주하고 있는 「천녀상天女像」이다.

둔황의 심벌 비천상

근처에 「실크로드의 대상상隊商像」이 있는 둔황 박물관이 있다. 이 박물관은 건물이 매우 아름다우며 3층 규모에 4개의 전시실이 있다. 실크로드에서 발굴된 동기, 철기, 석기, 목기가 전시되고 있다.

제1전시실은 둔황과 장성長城을 건축할 때 발굴된 유물, 제2전시실은 원시 시대부터 청나라 시대까지의 문물, 제3전시실은 막고굴의 제17굴에서 발견된 둔황문서와 양관·옥문관에서 출토된 4천여 점의 고문서가 전시되고 있다. 이 박물관은 둔황과 실크로드를 이해하는데 많은 도움이 된다.

사저우 야시장

외국 관광객에게 매우 인기 있는 둔황의 관광명소로 도심에 있는 사저우 야시장沙州夜市場이 있다. 시장이라기보다는 번화가라고 하는 것이 더 어울린다. 이 시장에서 옥, 보석, 도장, 경전 등의 실크로드와 관련된 여러 가지 기념품을 비롯하여 민예품이나 토산품을 살 수 있다. 시내 중심의 로터리 근처에 있어 찾기 쉽다. 이 시장은 밤에 더 활기가 있고 재미있어 외국 관광객들이 많이 찾는다.

월아천

신비로운 명사산과 월아천

21

우는 모래언덕과 오아시스 속의 작은 오아시스

둔황의 남쪽으로 5㎞, 결이 고운 모래가 쌓여 언덕이 된 황금색의 명사산鳴沙山이 조용히 뻗어있다. 매우 아름다운 광대한 모래언덕이다. 그 규모가 당하협곡에서 막고굴까지 동서로 40㎞, 남북으로 20㎞나 되며 실크로드에 왔다는 것을 실감하게 된다. 옛날에는 신사산神沙山이라고 불렀다. 평균 50~60m의 모래언덕이지만, 그중에는 1,715m나 되는 모래 산도 있다.

명사산은 '우는 모래언덕'이란 뜻이다. 모래가 바람에 날려 떨어지는 소리가 마치 모래 산이 우는 것 같다고 해서 붙여진 이름이다.

명사산은 바람에 따라 모래언덕이 옮겨 다니기에 능선이 칼날처럼 뾰족하다. 모래 능선이 허물어지지 않는 것은 바람이 명사산 밑에서부터 위로 불기 때문이다. 또한 둔황이 사막의 모래에 묻히지 않는 것은 남쪽에 명사산이 있고 그 남쪽에 기련 산맥이 있어 남풍을 막아주기 때문이다.

한나라
장성 유적

해뜰 무렵에는 노란 황금빛으로, 해질 무렵에는 타오르는 듯 붉게 보인다. 그렇지만, 자세히 보면 이곳 모래는 모래 결이 고운 빨강, 하양, 노랑, 초록, 검정의 오색 모래이다. 모래 능선 너머로 떠오르는 일출과 모래톱을 붉게 물들이는 석양과 달이 비치는 밤의 경관이 매우 특이하고 아름다워 사령청명沙嶺晴鳴 둔황팔경敦煌八景의 하나로 꼽힌다.

모래언덕의 꼭대기까지 올라가기는 쉽지 않다. 한발자국 올라가면 반발자국 물러서야 한다. 옛날 실크로드를 오가던 대상隊商들처럼 명사산 밑에서 낙타를 타고 모래언덕을 밟고 올라가면 정상에서

둔황팔경의 하나인
명사산

둔황 오아시스를 한눈에 볼 수 있다. 마치 바다에 떠 있는 작은 섬 같다. 모래언덕 중턱에서 미끄럼대를 타고 모래톱을 내려오는 스릴도 명사산 관광의 잊지 못할 즐거운 추억으로 남는다. 둔황 사람들은 매년 단오절에는 액운을 때우기 위해 명사산에 와서 미끄럼을 타는 풍습이 있다. 그때는 모래 산이 아름다운 관현악 소리를 내는 것이 아니고 천지를 진동하는 벼락 치는 소리를 낸다. 명사산은 여름 낮에는 뜨거워 갈 수 없고 둔황은 22시까지 밝기 때문에 저녁 식사 후 20시 무렵이 관광하기가 가장 좋다.

천사의 눈물 월아천

명사산의 북쪽 기슭의 모래언덕 속에 살포시 고개를 내밀고 있는 작은 오아시스 월아천月牙泉이 있다. 길이 200m, 폭 55m, 깊이 2m의 녹색의 아름다운 초승달 모양의 연못이다. 「모래 우물沙井」이라고 불린다.

곤륜 산맥의 만년설이 녹은 물이 지하로 스며들어 사막 가운데 낮은 지대인 이곳에서 매일 6톤의 물이 솟아나고 있다. 모래 속에 누각과 나무들이 어우러져 있는 월아천은 아침 햇살을 받아 붉

오아시스 속의
작은 오아시스 월아천

게 물들고 낮엔 하늘을 닮아 에메랄드 색으로 바뀌고 해질 무렵에는 황혼에 모래 빛이 황금색으로 변한다. 월아천도 매우 아름다워 둔황팔경의 하나이다.

월아천은 수천 년 동안 사막인데도 물이 한 번도 마른 적이 없고 모래에 파묻힌 적도 없는 신비한 연못이다. 월아月牙는 중국 말로 '삼일월三日月 즉 초승달'을 뜻한다. 밑바닥까지 투명한 비취색 물이 가득 차 있는 월아천에는 먹으면 약효가 매우 좋다는 「철배어鐵背魚」와 수초 「칠성초七星草」가 서식하고 있다. 이 물고기와 풀을 먹으

면 불로장수한다 해서 월아천은 「약수 샘藥泉」이라고도 불린다. 바람이 불면 모래가 난무하다가 연못 주위에 쌓이지만, 절대로 연못 안에는 쌓이지 않는다.

전설에 따르면 월아천은 오랜 옛적에 둔황이 갑자기 황량한 사막으로 변하자 어여쁜 선녀가 너무 슬퍼 흘린 눈물이 모여서 영원히 마르지 않는 연못이 됐고 그 안에 초승달을 던져 빛을 차게 했다고 한다. 월아천의 서쪽에 누각 명월각鳴月閣이 서 있다. 명사산과 월아천은 산이 연못을 안고 있고, 연못이 산을 업고 있는 듯이 영원히 함께하고 있다.

모래언덕은 왜 우는가, 연못은 왜 삼일월의 모양인가, 연못은 왜 모래에 묻히지 않는가, 오색 모래는 어디서 왔는가 등 전설이 많아 명사산과 월아천을 더 신비롭게 한다.

월아천과 명월각

기암괴석의 아단용성

옥문관의 서북으로 약 75㎞ 가면, 신비로운 기암괴석들이 모여 있는 아단용성雅丹龍城이 있다. 터키의 카파도키아보다 더 기기묘묘한 모양의 바위들이 수없이 많이 있어 중국인들은 「악마성惡魔城」이라고 부른다. 아단雅丹은 위구르 말로 '험한 모래언덕'을 뜻한다.

20㎢나 되는 넓은 사막 속에 아름답게 빚어진 황토 조각공원이다. 이곳은 원래 바다였다. 지각변동으로 인해 솟아올라 사막이 됐고 그 이후 빙하기에 빙하가 녹아 거대한 물이 흘러 내려오면서 기묘한 모양으로 변한 다음에 풍화작용으로 모래와 흙이 침식되면서 조성된 대자연의 예술품이다. 중국 영화 〈영웅英雄〉, 우리나라 TV 드라마 〈선덕여왕善德女王〉과 〈해신海神〉의 촬영지로 더 유명해진 곳이다. 지형의 모양들이 공작새나 사막을 다니는 낙타, 사람, 동물, 탑, 배, 등대, 고성 같은 온갖 모양을 하고 있다.

기암괴석의 아당용성

둔황의 백마 탑

둔황의 그 밖의 볼거리

22

백마 탑-옥문관-양관-둔황석굴

구마라습

둔황의 남동쪽에 4세기 말에 건립한 사주고성沙州古城에 백마 탑白馬塔이 솟아 있다. 인도 풍에 가까운 탑이다. 높이 12m의 9층탑으로 팔각형의 기단 위에 서 있는 둥근 황백 색의 탑체와 하얀 탑신이 매우 인상적이다. 탑의 중간에 연꽃이 둘러져 있고 탑 끝에 육각형의 지붕이 덮여 있다. 탑 옆에 당하党河가 북으로 흐른다. 해질 무렵에는 탑과 하천물이 매우 아름다워 둔황팔경의 하나인 고성만조古城晩照라고 불린다.

북양北凉시대의 고승 구마라습은 순례 여행을 마치고 둔황으로 돌아왔다. 이 때 경전을 싣고 사막을 횡단한 그의 백마가 과로로 죽자 그곳에 묻고 그 위에 백마 탑을 세웠다. 구마라습은 삼장법사와 더불어 중국의 2대 불경 번역가이다. 그는 한나라 시대에 창안으로 가서 384권의 경전을 한문으로 번역했다. 《금강경金剛經》이나 《묘법연화경妙法蓮華経》, 그리고 《아미타경阿彌陀經》은 그가 번역한 것이다.

실크로드의 관문 옥문관

둔황을 벗어나 길다운 길이 없는 고비사막을 서북쪽으로 약 100㎞쯤 가면, 기원전 114년에 한나라 무제 시대에 세운 옥문관이 나온다. 둔황의 북쪽에 있는 실크로드의 관문이다. 남쪽에 있는 양관과 함께 한나라 시대에 중국의 서북 국경에 있던 관소關所다. 서역의 옥玉이 이곳을 통하여 들어왔다 해서 옥문관이란 이름이 붙었다.

옥문관은 투루판을 지나 천산 산맥을 따라 중앙아시아로 가는 천산남로의 관문이다. 옥문관의 서쪽으로 5㎞쯤 가면 한나라 때 돌과 모래로 쌓은 한장성漢長城이 있다.

실크로드의 관문
옥문관 유적

옛날에 옥문관 밖을 출새出塞라 했고 만리장성 밖을 새외塞外라 고 했다. 옥문관의 남쪽에 고비사막이 있고 북쪽에 소륵하疏勒河가 있다. 당나라의 큰 스님 현장은 이 옥문관을 몰래 출국하여 인도로 갔다. 외로이 서 있는 옥문관을 읊은 당나라 시인 왕지환王之渙(688~742)의 양주사涼州詞가 전해오고 있다.

황하는 저 멀리 흰 구름 사이를 보이고,

黃河遠上白雲間

외로운 성 하나 높은 산 위에 서 있네.

一片孤城萬仞山

어찌 오랑캐 피리는 이별가 절양류 만을 슬프게 부르느뇨.

羌笛何須怨楊柳

아직 봄바람은 옥문관을 넘어오지도 않았거늘-.

春風不度玉門關

서역남도의 관문 양관

둔황에서 75㎞ 떨어져 양관이 있다. 한나라 시대에 세운 실크로드의 두 관문 중 서남쪽 있는 관문이다. 둔황을 떠나 타클라마칸 사막의 변두리에 있는 곤륜 산맥을 따라 미란-허텐-카슈가르로 이어지는 실크로드의 서역남도의 관문이다. 옥문관은 서북쪽 경계이고 양관은 서남쪽 경계이다.

양관의 성문 앞에 실크로드의 개척자 장건의 기마동상이 서 있다. 성곽 너머로 붉은 모래산 위에 허물어진 봉화대가 외롭게 보인다. 혜초도 현장법사도 인도에서 돌아 올 때, 그리고 고구려 후손인 장군 고선지도 이곳 양관을 지나갔다.

양관의 남쪽 부근 사막에 원래의 양관의 흔적이 남아있다. 오랜 세월 비바람과 모래에 침해돼 지금은 모래언덕 위에 흔적만이 보일 뿐이다. 이 양관 너머가 바로 죽음의 사막 타클라마칸이다.

위성의 아침 비 먼지를 촉촉이 적시어
渭城朝雨浥輕塵
객사의 푸른 버들 더욱 푸르구나
客舍青青柳色新
그대에게 다시 한 잔 술을 권하노니
勸君更盡一杯酒

장건의 기마동상

서쪽 양관으로 나가면 친한 벗도 없으리.

西出陽關無故人

당나라 시인 왕유王維(699~761)의 「위성곡渭城曲」이다. 황량한 사막의 양관에서 이곳을 떠나는 옛 벗에게 술잔을 권하는 옛 시인의 석상이 사막을 배경으로 서 있다.

한나라 장성과 둔황 고성

현재의 만리장성은 14세기 명나라 때 쌓은 장성이다. 그러나 원래 만리장성은 진나라의 시황제가 처음으로 쌓았고, 한나라 무제 때 서쪽으로 둔황까지 연장했다. 이것이 옥문관 서쪽에 있는 한장성漢長城 유적이다.

한장성 유적비

한나라 무제는 서역을 정벌하기 위해서 둔황에 성을 쌓고 군대를 주둔시켰고 한족을 이주시켰다. 비가 오지 않는 사막이라 지금까지 보존되어 왔으며 이곳에 한장성 기념비가 서 있다. 이 장성의 서쪽에 양관의 봉화대가 있다. 둔황에서 약 25㎞, 명사산이 멀리 보이는 사막 가운데 둔황 고성敦煌古城이 있다. 1987년 중일 합작 영화 〈둔황〉을 촬영하기 위해 실물 크기의 성문과 성벽을 세운 오픈 세트이다. 옛 둔황 고성의 유적은 둔황 시내에 남아 있다.

삼위성경과 둔황 고성

둔황의 동남쪽 25㎞에 삼위성경三危聖境이 주봉인 삼위산三危山이 대천하를 사이에 두고 막고굴과 마주 보고 있다. 환웅桓雄이 인간 세상에 새로운 세계를 열기 위하여 그의 아버지 환인桓因을 졸라 이곳에 내려와 나라를 세웠다고 전해지고 있다. 그 절벽에 막고굴의 첫 석굴을 만들었던 삼위성경은 신비한 분위기가 감도는 곳이다. 그 기슭에 유림굴이 있다.

둔황 고성

둔황석굴

둔황은 중원문화와 서역 문화가 융합하여 사막 속에 핀 「불교예술의 꽃」이다. 둔황에는 세계문화유산인 막고굴을 비롯하여 서천불동西千佛洞, 동천불동東千佛洞, 유림굴, 오개묘석굴五個廟石窟이 있다.

서천불동은 막고굴의 서쪽, 둔황에서 양관으로 가는 도중의 당하 낭떠러지에 있는 16개의 석굴군이다. 동천불동은 막고굴의 동북쪽 35㎞에 있는 23개의 석굴군이다. 유림굴은 막고굴의 동북쪽 75㎞에 있는 42개의 석굴군이다. 이들 석굴을 통틀어서 둔황석굴敦煌石窟이라고 한다.

그중 둔황의 심벌은 실크로드 최대의 석굴이며 「사막 속의 불교화랑」으로 유명한 막고굴이다. 막고굴은 '사막보다 높은 곳에 있는 굴'이란 뜻이다. 둔황 일대의 높이가 1,100m인데 막고굴은 1,400m나 된다. 막고굴은 그 앞에 폭 30m의 대천하가 흐르고 그 넘어 삼위산이 마주 보고 있다.

막고굴의 옛모습(1908년)

불교예술의 성지 막고굴

23

세계 최대 규모의 불교유적

둔황에서 남동으로 25㎞ 떨어져있는 명사산의 동쪽 기슭에 실크로드의 불교예술의 보고 막고굴莫高窟이 자리한다. 막고굴은 남북으로 길게 뻗은 1,618m의 암벽에 734개의 석굴이 마치 벌집처럼 늘어서 있다. 둔황의 전성기인 당나라 시대에는 석굴이 1천 개가 넘어 천불동이라고 불렀다. 그중 불상이나 벽화가 있는 석굴사원이 492굴이나 된다. 석굴사원 안에 약 2,400체의 진흙을 빚어 만든 채색소상彩色塑像이 안치돼 있고 벽은 다양한 채색벽화가 장식돼있다.

왕원록

막고굴은 현존하는 세계최대규모의 불교유적이다. 다퉁大同의 운강석굴雲崗石窟, 뤄양의 용문석굴과 함께 중국의 3대 석굴사원石窟寺院 중의 하나이다. 1991년에 세계문화유산으로 지정됐다. 세계유산은 6개의 등록기준 중 하나는 만족해야 되는데 막고굴은 6개 등록 기준 모두를 만족시키고 있는 「킹 오브 세계유산King of World

Oeritage」이다.

막고굴은 4세기부터 14세기까지 1천여 년 동안에 1천여 개의 석굴이 조성됐다. 절벽의 중앙에 북위부터 수나라까지의 오래된 석굴이 있고 좌우 가장자리에 당나라부터 원나라까지의 석굴이 있다.

시대별로 보면 오호십육국·북위·서위 시대에 33개, 수나라 시대에 97개, 당나라 시대에 225개, 오대·송나라 시대에 105개, 서하·원나라 시대에 32개의 석굴사원이 조성됐다. 중국 불교의 황금기인 당나라 시대에 조성된 석굴이 가장 많다.

막고굴의 옛모습

제71굴의 옛모습

막고굴의 역사

처음 석굴사원을 만든 것은 오호십육국시대의 366년 무렵이었다. 수도승 낙준樂僔 법사가 사막 속에 아침 햇살에 황금빛으로 빛나는 삼위산의 암벽에 천여 체의 부처가 떠있는 환영을 보고 석굴사원을 만든 것이 막고굴의 시초였다.

그 뒤 북량北凉, 북위北魏, 서위西魏, 북주北周, 수隨, 당唐, 오대五代, 북송北宋, 서하西夏, 원元나라에 이르기까지 약 천 년 동안 많은 석굴사원이 조성됐다. 막고굴처럼 산허리의 옆을 파 들어 가서 사원을 만드는 횡굴식橫窟式 석굴사원은 원래 인도에서 시작됐다.

현재 막고굴에는 아쉽게도 낙준 법사가 조성한 최초의 석굴을 비롯하여 초기의 석굴은 거의 없다. 오래된 석굴로는 5세기 초 북량 시대에 조성한 석굴로 제268굴, 제272굴, 제275굴 등이 남아있다.

현재 석굴에는 4만 5천㎡에 이르는 벽화, 2,415체의 불상, 4천여 개의 비천, 다섯 채의 당·송나라 시대의 목조건축물, 5만여 점이 넘는 고문서와 문물들이 보존되어 있다.

막고굴은 당나라 때 절정을 이루었다. 그러나 그 이후 북송 시대에 티베트계의 탕구트Tangut족이 세운 서하(1038~1227)가 하서회랑을 지배하자 막고굴의 승려들이 이곳을 떠났다. 떠나면서 경전, 불상,

막고굴(1943년)

오타니 고즈이가
둔황의 유물을 약탈하여
실어 나르는 장면

잡서 등을 제 16굴 속에 작은 굴을 만들어 밀폐해버렸다. 이것이 제 17굴의 장경동이다.

그 뒤 이 동굴은 거의 900년 동안 밀봉된 채 방치돼 있다가 1899년에 후베이 성湖北省 출신의 떠돌이 중 왕원록王元菉(1851~1931)의 발견으로 다시 빛을 보게 됐다. 1907년에 영국인 스타인Stein과 1909년에 프랑스인 펠리오Paul Peliot, 그밖에 일본, 러시아, 독일, 미국의 탐험대가 경전 1만여 권의 경전, 불화, 고문서 등을 해외로 갖고 나간 것이 계기가 돼 막고굴의 불교예술이 전 세계에 알려지게 됐다.

막고굴의 공개굴과 비공개굴

옛날에는 물이 많았다고 하나 지금은 말라버리는 날이 더 많은 삼위산 앞의 대천하大泉河의 다리를 건너면 막고굴 입구인 누문樓門이

나온다. 청색 바탕에 금색으로 '석실보장石室寶藏'이라고 쓴 현판이 걸려있는 큰 누문과 그 뒤에 '막고굴'이라고 쓴 현판이 걸려있는 누문을 들어서면 회랑을 따라 암벽에 상하 2층~5층으로 자리한 석굴이 남북으로 늘어 서 있다. 석굴의 문이 모두 동쪽으로 나 있고 방문객은 서쪽의 서방정토西方淨土를 향해 절을 하도록 돼있다.

누문을 지나 회랑을 따라 가면 제일먼저 붉은 단청으로 단장한 장대한 높이 43m의 9층 건물이 나온다. 막고굴의 심벌인 제96굴의 북대불전北大佛殿이다. 이 석굴에 세계 5대 석불의 하나인 북대불北大佛이 안치돼 있다.

막고굴의 석굴 가운데 40석굴만을 관람할 수 있도록 공개하고 있다. 기본 입장료만 내면 무료로 관람할 수 있는 일반굴이 30굴, 별도 요금을 내야 관람할 수 있는 특별굴이 10굴이다. 그 밖의 석굴은 관람 할 수 없는 비공개 석굴이다.

일반굴은 16굴, 17굴, 23굴, 61굴, 94굴, 96굴, 130굴, 146굴, 148굴, 152굴, 172굴, 202굴, 231굴, 237굴, 244굴, 249굴, 257굴, 259굴, 292굴, 320굴, 323굴, 328굴, 390굴, 427굴, 428굴, 437굴, 454굴이다.

특별굴은 45굴, 57굴, 156굴, 158굴, 217굴, 220굴, 254굴, 275굴, 321굴, 322굴이다. 이중 반드시 보아야 석굴로 추천되고 있는 것이 96굴, 130굴, 158굴, 202굴, 259굴, 428굴이다. 일반굴과 특별굴은 해마다 조금씩 바뀐다.

막고굴은 세계 최대 규모의 불교화랑으로 내용이 매우 다양하다. 지금은 석굴 안의 일부 소상이나 벽화가 다소 색이 바랬지만, 둔황의 건조한 자연조건의 덕택에 많은 벽화나 소상이 오래 동안

제111굴의 옛모습

잘 보존되고 있다. 막고굴은 중국뿐만 아니고 전 인류의 문화유산이다.

석굴은 먼저 자갈과 모래가 섞여있는 사력암沙礫岩을 파 들어가 석굴을 만든다. 그 다음에 석굴 속에 불상을 세우고 밀짚과 진흙으로 벽을 도배한 다음에 횟가루를 덧칠하고 그 위에 불화를 그렸다. 큰 석굴은 학교 교실만하고 작은 석굴은 2평쯤 된다.

막고굴의 굴속은 사진 찍는 것이 금지돼 있다. 카메라는 보관료를 내고 입구의 보관소에 맡겨야 한다. 석굴은 현지 가이드의 안내하에서만 관람을 할 수 있다. 어느 정도 인원이 모여야 안내가 시작된다. 관람하기 위해서는 손전등이 필요하다.

MOGAO GROTTOES

막고굴의 속삭임

막고굴 제96굴 9층루각

막고굴 석굴의 특징

24

석태석굴-탑묘굴·승원굴

중국의 석굴사원 중에서 가장 규모가 크고 유명한 것이 둔황의 막고굴이다. 막고굴이 자리한 명사산 동쪽 기슭의 절벽은 자갈과 모래가 섞인 사력암沙礫岩으로 된 바위산이다. 그렇기 때문에 산을 뚫거나 깎아서 석굴을 만들기가 어렵다. 따라서 막고굴의 석굴은 먼저 굴 비슷한 모양으로 사력암을 파내고 그 위에 밀짚이 섞인 진흙을 발라 제대로 모양을 갖춘 석굴을 만든다. 그리고 그 위를 흰 흙으로 마감하고 색을 입히거나 불화를 그려 석굴을 완성했다. 이렇게 만든 석굴을 「석태석굴石胎石窟」이라고 한다.

막고굴의 석굴은 만지면 쉽게 부서질 것처럼 보이지만, 사막지대의 건조한 기후 덕분에 바위를 깎아 만든 석굴처럼 견고하여 천 년 넘도록 지금까지 견디어 왔다. 예외로 막고굴의 상징인 제96굴과 제130굴은 석태석굴이 아니고 바위를 깎아서 만든 석굴이다.

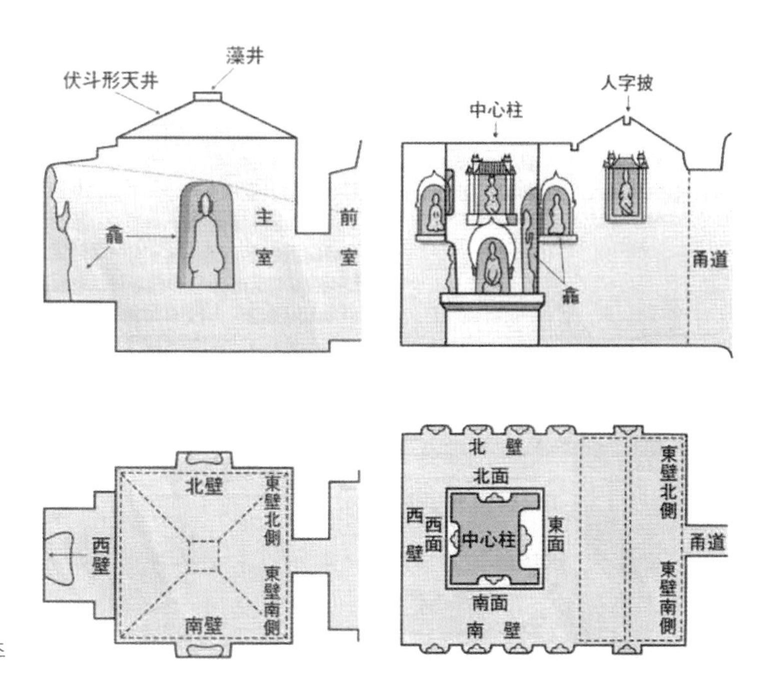

막고굴 석굴의 구조

막고굴의 석굴은 입구가 모두 동쪽을 향해 열려있다. 입구가 있는 벽면이 동벽, 입구를 들어서서 마주보는 정면이 서벽, 왼쪽이 남벽, 오른쪽이 북벽이다. 정면인 서방정토가 있는 방향인 서벽에 감실을 만들어 본존불本尊佛을 안치하고 있다.

막고굴의 석굴은 구조가 시대에 따라 약간씩 달랐으나 크게 탑묘굴塔廟窟(차이티아caitya)과 승원굴僧院窟(비하라굴vihara)의 두 종류로 나누어진다. 탑묘굴은 석굴의 중앙에 방주方柱라고 불리는 탑 같은 큰 네모기둥이 있고 그 기둥의 사방에 불상을 안치할 감실龕室이 있는 석굴이다. 승원굴은 석굴 안에 기둥은 없고 중앙에 넓은 공간이 있고

막고굴

네 벽에 작은 감실이 있는 구조의 석굴이다. 작은 감실은 승려가 거주하기도 하고 좌선하기도 하는 곳이다.

막고굴의 전성기인 수나라나 당나라 시대에는 탑묘굴은 쇠퇴하고 평면네모의 방굴方窟에 복두형 천정을 가진 네모 석굴覆斗形方窟이 주류를 이루었다. 그 밖에 존상굴尊像窟, 대불굴大佛窟, 열반굴涅槃窟, 선정굴禪定窟, 영굴影窟 같은 새로운 모양의 석굴들이 등장했다. 송나라와 원나라 시대에는 전당굴殿堂窟이 성행했다.

제194굴의 당나라 시대의 보살상

막고굴의 소상의 특징

25

석태 소상-채색조 소상

막고굴의 석굴사원은 석굴의 중심에 부처나 보살 등의 소상塑像을 모셔놓고 벽과 천장은 불화들의 벽화壁畵로 장식돼 있다. 막고굴의 소상이나 벽화의 미술양식은 크게 북위 양식北魏樣式, 수나라 양식隋樣式, 당나라 양식唐樣式의 세 가지다. 그러나 전체적으로 인도와 중앙아시아 특히 서역의 영향을 많이 받고 있다.

막고굴의 불교 미술은 초기에는 지방미술로 매우 소박했다. 그러나 수나라와 당나라 시대에 이르러 창안·뤄양 등 중국 본토의 영향을 받아 중국화 되면서 매우 화려해졌다.

석태소상

둔황의 막고굴에 2,400체가 넘는 소상이 있다. 소상의 높이가 30m가 넘는 큰 소상부터 수십㎝ 밖에 안 되는 작은 소상까지 그 크기가 다양하다. 막고굴의 소상은 그 하나하나가 정교하고 아름답게

제159굴 소상

만든 예술작품이다.

둔황은 사막지대이기 때문에 조각하기에 알 맞는 돌을 얻기가 어려웠다. 그래서 막고굴에는 돌을 깎아서 만든 석조상石造像은 없다. 몇 개를 제외하고는 모두가 진흙으로 만든 인형인 소상에 색을 입힌 채색조소상彩色彫塑像이다.

이러한 소상을 석태소상石胎塑像이라고 한다. 소塑는 '진흙'을 뜻하며, 진흙으로 만드는 것을 소조塑造라고 하고 그렇게 만든 조각을 소상塑像이라고 한다. 먼저 대臺 위에 목심木心이라고 불리는 나무기둥을 세우고 머리, 팔, 손을 나무로 만들어 목심에 붙인 다음에 그 위에 진흙을 바르고 색을 칠했다.

소상은 석가모니·미륵약사여래·삼세불·칠세불 등 부처, 관음·대세지·문수·보현·지장 등의 보살, 그리고 제자·천왕·역사 등 의 세 가지로 나누어진다.

부처佛는 불타佛陀의 준말로 '진리를 깨달은 사람'을 뜻하며 보살菩薩은 보리살타菩提薩陀의 준말로 '깨달음을 구하는 사람求道者'을

제45굴

뜻한다. 깨달음에 도달한 존재가 부처이므로 보살은 부처가 되기 위해서 수행을 하고 있는 존재이다.

막고굴의 소상이나 벽화를 감상하는데 있어서 불상과 보살상의 차이는 불상은 몸에 장식품을 일체 지니지 않았다. 그러나 보살은 몸에 화려한 장식품을 지니고 있다.

소상의 시대별 특징

소상의 시대별 특징을 보면, 초기의 북량(397~439) · 북위(386~534)시대의 소상은 인도와 서역의 영향을 받고 있다. 대표적으로 제275굴의 교

제275굴

제45굴

제159굴

제328굴

제46굴

제194굴

제196굴

제259굴

제45굴
인도의 영향을 받은
화려한 보살상

각보살상交脚菩薩像의 옷이 물에 젖어있어 몸매가 뚜렷하게 나타나 보이는 것은 인도의 영향을 받은 것이다.

서위(535~556) · 북주(557~581) 시대의 소상은 가슴이 편평하고 전체적으로 몸의 선이 가늘다. 이 시대의 소상은 하나의 부처一佛, 두 보살二菩薩 그리고 다리가 X자 모양을 하고 있는 교각交脚의 미륵보살상이 주류를 이룬다.

수나라 시대(581~618)는 둔황의 소상예술이 중국화 되기 시작한 시기이다. 이 시대에는 부처와 보살 외에 역사와 천왕의 소상이 등장한다. 또한 과거·현재·미래의 3세불이나 부처가 설법하는 불교세계를 입체적으로 표현하고 있다. 수나라 시대의 소상은 머리가 유별나게 크고 아이처럼 얼굴이 둥글며 몸이 가늘고 유연한 것이 특징이다.

당나라 시대(618~907)의 소상은 매우 사실적이다. 풍만한 입체감이 넘치는 몸매에 사실적인 얼굴을 하고 있으며 전체적으로 균형이 잡혀있다. 특히 당나라 시대에는 부처보다 보살상이 차지하는 비중이 크며 보살상이 여자의 모습을 하고 있다. 원래 보살은 여자도 남자도 아니다. 그런데 당나라 시대의 보살은 매우 여성다우며 그것도 당나라 시대의 미인을 닮았다고 한다.

오대·송나라 시대의 소상은 내면적인 활력이 없어지고 표면적인 사실에 치중하고 있다.

제407굴

막고굴의 조정의 특징

26

복두형의 방형구조-말각조정식 구조

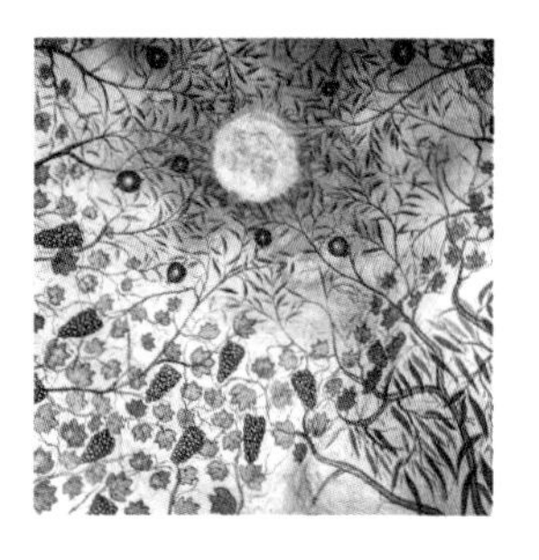

조정藻井[1]은 석굴 내에서 천장의 중심이 되는 가장 높은 곳을 말하며 일반적인 천정天井을 가리킨다. 당시의 불교 예술가들은 조정을 기하학적 모양이나 꽃이나 풀잎의 모양, 그리고 매우 추상적이며 아름다운 그림으로 장식했다. 막고굴은 석굴 하나하나가 중생이 동경하는 극락세계를 표현하고 있다. 석굴 안은 자비로운 불상과 보살들이 있고 그 주위를 곱고 아름다운 색채가 넘치는 벽화로 둘러싸서 단장을 하고 천장에는 비천이 노래하고 춤추고 있는 그림이 덮고 있다. 따라서 조정도 이러한 분위기에 맞는 도안으로 장식하고 있다.

---

1) 격자천장 혹은 우물천장이라고도 함. 반자틀을 '井' 자 모양으로 짜고 그 사이를 널로 덮어 만든 천장으로 석굴을 만들 때 이용하는 천장의 하나.

제329굴 조정

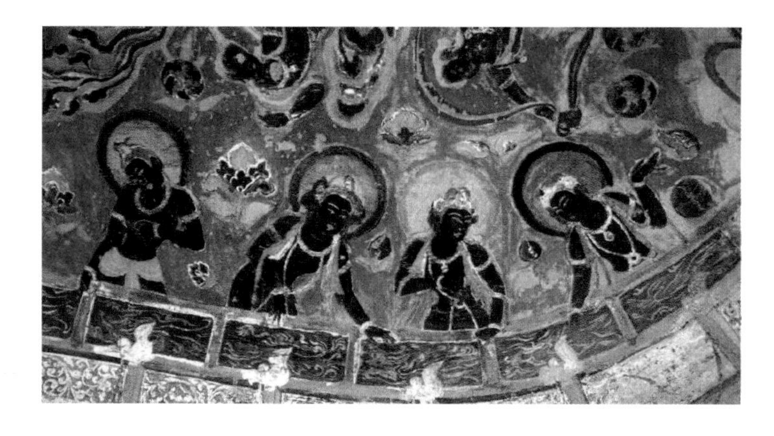

제321굴 비천

막고굴의 초기 굴의 천정은 대부분 되를 엎어놓은 것 같은 복두형伏斗形의 방형(사각형) 구조였으나 점차 삼각형의 틀을 순차적으로 쌓아올린 중국의 천개 모양의 격자 천정인 말각조정식의 천정으로 바뀐다.

막고굴은 석굴 하나하나가 중생이 동경하는 극락세계를 상징하고 있다. 석굴의 중심에 자비로운 불상과 보살들이 자리 잡고 있고 그 주위의 기둥과 벽은 고운 색채가 넘치는 아름다운 벽화로 장식돼있다.

천장에는 비천이 노래하고 춤추고 있다. 우물천장이라고도 불리는 석굴 천장의 중심인 천정(조정藻井)은 꽃이나 풀잎의 모양, 기하학적 모양, 그리고 추상적인 아름다운 모양의 무늬로 장식됐다.

막고굴의 초기 굴의 천정은 대부분 되를 엎어놓은 복두형의 방형 구조였다. 그러나 수나라나 당나라 시대에는 점차 말각조정식의 천정으로 바뀌었다.

제249굴

제249굴

제237굴

제286굴

제158굴 비천

막고굴의 비천의 특징

27

천상에 살고 있는 천녀

막고굴 석굴사원의 벽과 천장에 4천 체가 넘는 아름다운 비천이 장식돼있다. 불교에서 향음신香音神이라고 부르는 비천은 천상에 살고 있는 천녀天女로 불교에서 석가를 지키는 8부신중八部衆의 하나로 불교이름은 건달바乾達婆이며 수미산 남쪽의 금강굴에 산다.

비천의 천녀

비천은 하늘거리는 옷을 입고 팔에 긴 띠를 걸치고 초인적인 힘을 가지고 있어 날개 없이도 자유롭게 하늘을 날아다닌다. 비천은 부처의 주위를 떠돌아다니며 향기를 뿌리고 부처를 위해 꽃을 바치고 악기를 연주하며 노래를 부르고 춤을 추는 천녀이다.

둔황 비천의 특징은 날개가 없다. 바람에 나부끼는 옷과 허리띠로 하늘을 날아다니는데 그 모습이 다양하고 변화무쌍하다.

북량에서 북위 시대까지는 인도나 서역풍의 영향을 받은 모습의 비천이었으나 당나라 시대에는 작고 자유 분망한 중국화 된 모습의 비천으로 바뀌었다.

제285굴

제257굴

제322굴

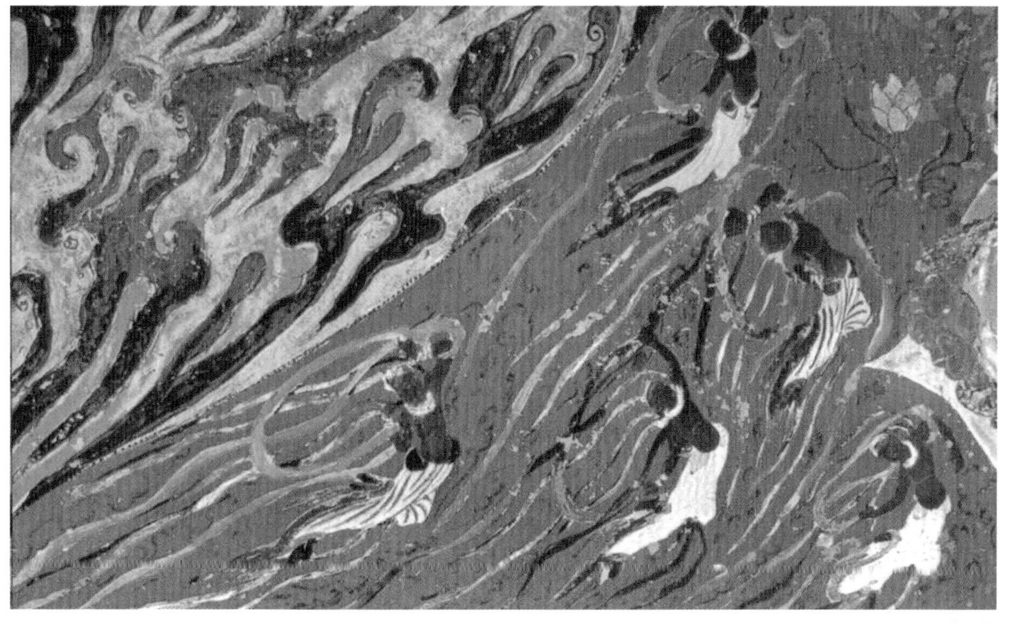

제206굴

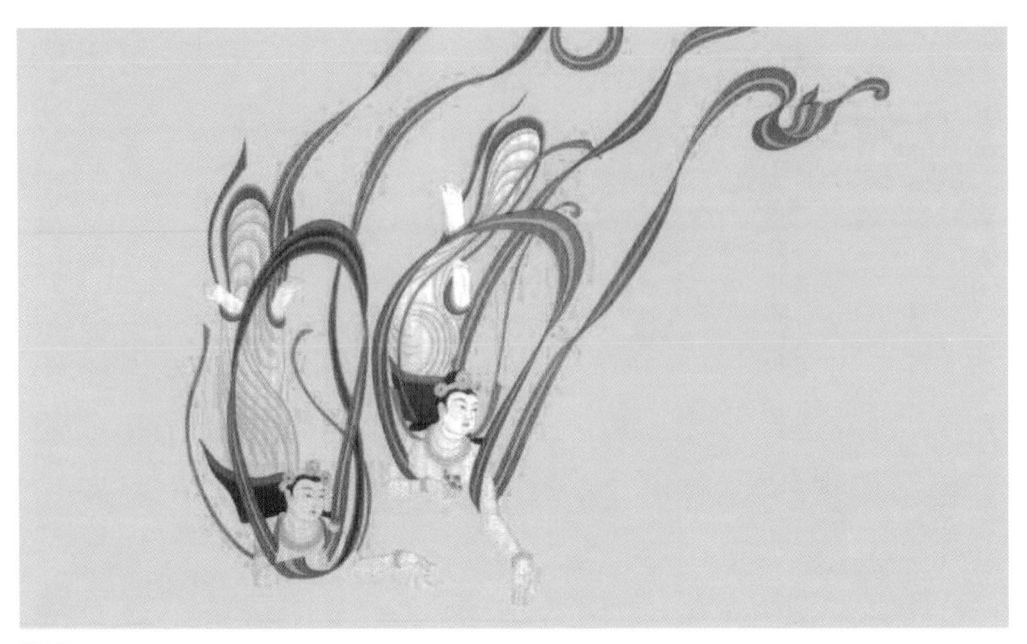
제321굴

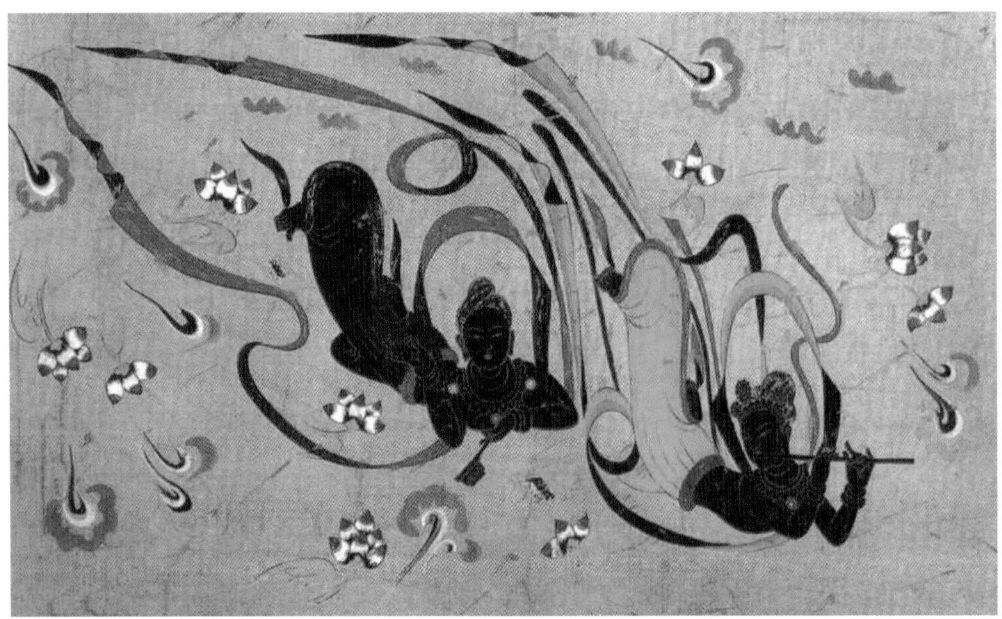
제329굴

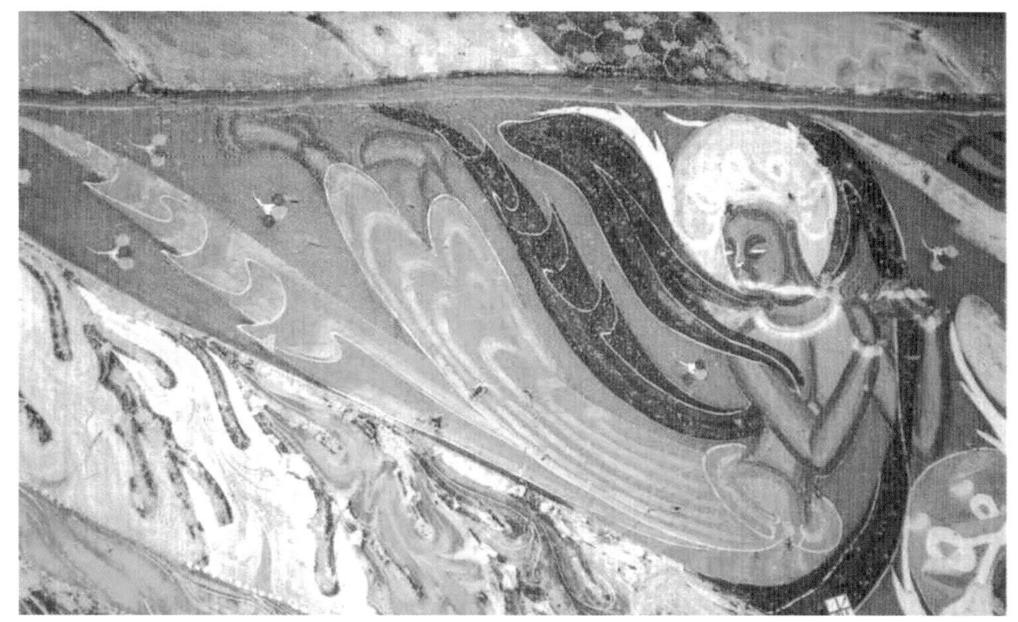
제249굴

제329굴

공양부인 벽화

막고굴의 벽화의 특징

28

불승화·본생도·불전도·경변도·불교사적화 등

막고굴의 벽과 천장은 벽화로 가득 차있다. 벽화는 벽과 천장을 찰흙으로 바르고 그 위를 횟가루로 덧칠한 다음에 옻칠을 하고 그 위에 색을 칠하여 그렸다.

보살 벽화

막고굴의 벽화는 크게 열 가지로 나눌 수 있다. 석가여래·보살·제자를 그린 「불승화佛僧畵」, 석가의 전생의 선행을 그린 「본생도本生圖」, 석가의 생애와 전기를 그린 「불전도佛傳圖」, 중국 고래의 전통적인 민간신화나 전설을 그린 「신화전설도神話傳說圖」, 불교의 경전과 교리를 압축하여 그림으로 그린 「경변도經變圖」 및 「인연설도因緣說圖」, 불교가 전래된 역사적 과정을 그린 「불교사적화佛教史跡畵」, 공양자를 그린 「공양자도供養者圖」, 새·꽃·산·물 등 풍경을 그린 「산수화山水畵」, 당시의 건축·가구·의류 등 장식을 그린 「장식도裝飾圖」, 그밖에 불교와는 관계없는 내용을 담은 벽화 등 내용이 다양하다.

벽화의 시대별 특징을 보면, 초기의 북량·북위 시대에는 인도

인로보살 벽화

나 서역의 영향을 받은 화풍으로 석가의 생애를 그린 「불전도佛傳圖」나 1천 명의 부처를 그린 「천불도千佛圖」, 석가의 전생의 이야기를 그린 「본생도本生圖」가 많다.

석가는 전생에 왕, 스님, 상인이었고 또한 여러 동물로 많은 선한 일을 했고 공덕을 쌓았다. 이 선행과 공덕을 모은 것이 본생담으로 경전인 《본생경本生經》에 500편이 넘는 석가의 전생 이야기를 전하고 있다. 서위·북주 시대에는 점차 중국화의 영향을 받아 천정에 서왕모 등 중국의 옛 신화나 전설을 그린 벽화가 등장한다.

수나라와 당나라 시대에는 막고굴에 중국본토의 불교미술이 성행했다. 수나라 시대에는 불전도나 본생도는 줄어들고 중국화 된 경전의 세계를 그린 「수하설법도樹下説法図」가 많아졌다.

당나라 시대에는 원근법을 사용하여 그린 「서방정토도西方淨土変」, 「동방약사정토변東方薬師浄土変」, 「미륵정토변弥勒浄土変」, 「법화경변도法華經変圖」등 「경변도」가 늘어났다.

불교의 전도 수단으로 변상変相과 변문変文이 있는 데 불교의 경전의 내용을 축소하여 그림으로 설명하는 것이 변상이고 말로 설명하는 것이 변문이다.

당나라 후기에는 불교에 중국 고대의 신불사상이 합쳐진 내용을 주제로 한 벽화가 늘어났다. 원나라 시대의 벽화에는 밀교회화密教繪畫도 있다.

막고굴의 벽화 중에는 불교와 직접 관계없는 벽화도 있다. 예컨대 석굴을 만드는데 도움을 준 공양자상供養者像을 그린 벽화가 그 예이다.

제288굴

제249굴

제3굴

제57굴 미인 보살

막고굴의 석굴들 1

29

제3굴 아름다운 벽화 천수천안 관음보살

'고려왕사'의 고려 짐꾼

원나라(1271~1368) 말에 만든 되斗를 엎어놓은 모양(복두형)의 천정을 가진 작은 네모 석굴(방굴)이다. 이 석굴의 불화 「천수천안 관음보살」의 벽화가 유명하다. 천수관음보살은 관세음보살의 화신으로 천 개의 손과 천 개의 눈으로 무한한 자비를 베풀어 중생을 구제한다는 보살이다. 천비천안 관음千臂千眼觀音, 대비관음大悲觀音이라고도 불린다. 관음보살은 아미타불을 받들고 있으며, 손에는 감로수의 정병淨甁을 지니고 있다.

남벽과 북벽에 각각 「십일면 천수천안 관음 경변도十一面千手千眼观音經變圖」와 「비천」이 장식돼 있다. 경변은 불교 경전의 내용을 알기 쉽게 그린 그림 「경전 변상도經典變相圖」의 준말이다. 이 석굴의 「십일면 천수천안 관음 경변도」는 3층으로 높이 올린 상투에 11개의 얼굴이 있다. 그리고 몸에 40개의 팔과 손, 그 주위에 나머지 작은 손

제3굴
천수천안 관음 경변도

이 있고 손바닥에 각각 눈이 있다. 모두 1천 개의 손과 눈으로 한량없는 자비와 구제를 펼친다는 것을 나타내고 있다. 이 「천수천안 관음 경변도」는 중원의 한족 문화와 밀교 예술密教芸術이 혼합돼 있는 것이 특징이다. 이 벽화는 선으로 불상을 그린 선묘 불교예술線描仏教芸術의 걸작이다.

제16굴과 제17굴 장경동

막고굴의 북쪽 끝에 둔황문서敦煌文書가 발견된 제17굴 장경동藏經洞이 있다. 제17굴은 제16굴속에 있는 높이 1.6m, 길이 2.7m의 작은 부속 굴이다.

당나라 말에 만든 제16굴은 전실과 주실로 돼있다. 주실의 수미단須彌壇에 아홉 체의 불보살상인「존상 구체尊像九体」가 안치돼있고 그 옆에 신장神將, 역사力士, 사자獅子의 벽화가 있다.

둔황문서가 발견된 제17굴은 송나라 시대에 만든 하서 지방의 고승 홍변弘辨의 기념 사당이다. 석굴 안에 깨끗하고 말쑥한 차림의

둔황 문서가 발견된 제17굴

제17굴 하시 지방의 고승 홍변

가사를 입고 두 손을 모으고 편안한 모습으로 좌선坐禪하고 있는 그의 소상이 안치돼있다.

그 뒷벽에 오동나무 밑에서 공양하는 사람을 그린 「수하 공양자도樹下供養者圖」가 있다. 그 왼쪽의 보리수 아래 지팡이와 수건을 들고 서 있는 온화한 얼굴을 한 미인 시녀의 벽화는 당나라 말기의 인물화로 당시 부녀자들이 좋아했던 남장을 하고 있다.

1900년, 제16굴에 머물고 있던 후베이 성湖北省 출신의 도사道士 왕원록(1849~1931)이 석굴 안에 쌓인 흙을 치우다가 벽이 무너지면서 제17굴을 발견했다. 11세기에 서하 왕국西夏王國이 둔황을 공격했을 때 그곳 승려들이 경전과 고문서를 숨기기 위해 만든 석굴이다.

이 석굴을 발견했을 때 그 속에 진나라부터 송나라 시대까지의 5만 점이 넘는 고문서가 바닥에서 천정까지 꽉 차 있었다. 이 문서들은 불교·도교·마니교·경교의 문헌과 역사·지리·정치·문학·천문·의학서의 사본, 경전의 필사본과 목판 인쇄본, 그밖에 불상, 불화, 판화, 탁본 등이였다. 한문 외에 티베트어, 산스크리트어, 튀르크어, 몽골어로 된 고문서들도 있었다.

이 석굴에서 발견된 많은 둔황 고문서들을 영국, 프랑스, 러시아가 가져갔다. 현재 둔황문서는 중국에 2만 6,570점, 러시아에 1만 9,000점, 영국에 1만 3,300점, 프랑스에 6,000점, 일본에 728점, 한국에 48점이 보관돼 있다.

왕오천축국전

장경동에서 《왕오천축국전》 사본이 발견됐다. 이것은 통일신라의 승려 혜초가 구법 수도자로 720년부터 728년까지 동천축, 서천축, 남천축, 북천축, 중앙천축의 다섯 천축국을 순례하면서 쓴 기행문이다.

왕오천축국전은 삼장법사 현장의 《대당 서역기》, 의정의 《남해기귀전南海寄歸傳》, 《대당서역구법고승전大唐西域求法高僧傳》과 함께 세계 4대 고대 여행기로 꼽힌다.

두루마리 필사본으로 된 《왕오천축국전》은 원래 세 권이었다. 그러나 앞뒤 부분이 떨어져 나간 230줄에 약 6,000자로 된 한 권만 남아있다. 이 여행기에는 중세의 인도와 중앙아시아의 풍토, 종교, 풍속, 문화에 관한 기록이 실려 있다. 원본은 현재 프랑스 파리 국립도서관에 보관돼있다.

이 기행문에 따르면 그때 벌써 인도의 불교 유적은 황폐해지고 있었고 사원은 있으나 승려가 없는 사원도 있다고 기록하고 있다.

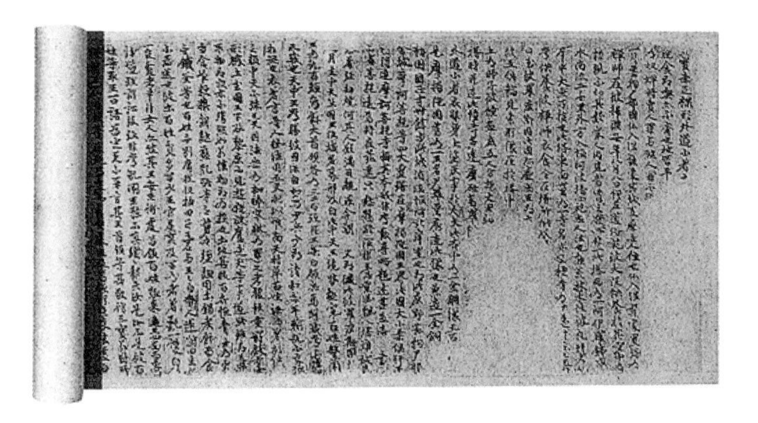

왕오천축국전

여러 형제가 아내 한 사람과 함께 사는 풍습, 흙으로 만든 솥에 밥 짓는 생활습관 등 색다른 풍습들이 많이 기록돼 있다. 또한 혜초의 시도 실려 있다.

달 밝은 밤에 고향 길을 바라보니 /
뜬구름만 흩날리며 고향으로 돌아가고 있네 /
편지라도 써서 구름 편에 보내고 싶건만 /
바람은 빨라 내 말을 들으려고 하지 않네 /
내 나라는 하늘 끝 북쪽에 있데 /
남의 나라 땅 서쪽 끝에 와서 그리워 하네 /
해가 뜨거운 남쪽에는 기러기가 없으니 /
누가 내 고향 계림鷄林(지금의 경주)으로 소식 전해줄까.

제45굴: 막고굴 최고의 소상 칠존상

막고굴 중앙의 1층에 있는 제45굴은 당나라 전성기(713~765)에 만든 전실前室이 있는 복두형 천정의 작은 방굴이다. 정면 서벽의 감실 안에 「칠존상七尊像」이 안치돼있다. 중앙에 중존中尊이 팔각좌에 앉아있고 좌우에 제자 가섭伽葉과 아난阿難의 두 비구比丘, 관음觀音과 대세지大勢至의 두 협시보살脇侍菩薩, 그리고 남방증장南方增長과 북방다문北方多聞의 두 천왕天王이 서 있다.

「칠존상」은 막고굴의 채색소상 중에서 가장 우수한 걸작이다. 당나라 양식으로 만든 이 채색소상은 인간미가 넘치고 표정과 몸매

제45굴 칠존상

가 매우 매력적이다. 「본존불」의 왼쪽에 고개를 약간 숙인 제자 가섭이 매우 사려 깊은 모습으로 서 있고 오른쪽의 아난은 매우 온화한 모습으로 서 있다. 그 옆에 고개를 약간 기울이고 매우 육감적이면서도 성스러움을 느끼게 하는 협시보살상은 S자 모양으로 머리와 허리를 좌우로 굽힌 삼곡자세三曲姿勢로 묘사되어 있다. 젖가슴을 반쯤 덮은 옷, 거의 드러나 있는 하얀 피부의 상반신, 풍만감이 넘치는 배꼽 아래의 배, 마치 살아 있는 것 같이 생생하게 느껴지는 허리 선, 가느다란 초승달처럼 선명한 눈썹, 붉은 입술, 화려한 장신구瓔珞를 목덜미에 걸쳐 가슴으로 드리운 모습이 매우 관능적이다.

보살은 남자도 여자도 아닌 묘한 존재이다. 그런데 제45굴의 보살은 관능적인 여성으로 표현되고 있다. 가섭은 수염 하나하나까지 세밀하게 그려 놓은 것이 당나라 시대 미술의 특징인 사실성이 나타나 있다.

남벽에 자비로 중생을 구제하고 현세 이익을 가져다준다는 관음신앙觀音信仰을 표현한 「법화경 관세음보살 보문품변도法華經觀世音菩薩普門品変圖」[2], 북벽에 「관무량수경변도」가 있다. 경변도[3]에 묘사돼 있는 당나라 시대의 무악舞樂의 모양이나 상인의 모습들이 매우 흥미롭다.

불교에서 관觀이나 관음觀音은 관세음觀世音의 준말로 마음을 하나로 모아 지혜로써 세상의 모든 실정을 살피고 명상하여 깨달음

2) 법화경은 대승경전의 하나인 묘법연화경妙法蓮華經의 준말이다.

3) 불교 경전의 내용을 알기 쉽게 그림으로 그리는 것을 경변經變, 변상變相, 변變이라고도 하고 그렇게 그린 그림이 경변도經変圖이다.

제45굴
관무량수경변도

을 얻는다는 뜻이다. 관세음보살은 서방정토 극락세계에서 아미타불을 도와 중생들의 실정을 살피고 고난을 구제하는 보살이다. 무량無量이란 '부처의 덕이 한량이 없다'는 뜻이다.

아미타불이 중생을 구제하는 내용을 담은 그림이 「관무량수경변도觀無量壽經變圖」이다. 이 석굴에 장식돼 있는 「상인 우도도商人遇盜圖」는 여행 중 도적을 만난 상인이 열심히 관음을 외쳤더니 도적이 물러갔다는 이야기를 그린 것이다. 이것은 불교도가 자비로운 관세음보살의 이름을 반복해 외우면 어려움을 피할 수 있다는 고사에 근거한 벽화다.

第46굴 : 막고굴 최고의 천왕상

당나라 초에 만든 복두형 천정의 방굴이다. 정면 서벽의 감실에 여래좌상如來坐像과 두 제자·두 보살(왼쪽 보살은 분실됐음)·두 천왕의 「칠존상」이 안치되어 있고 그 오른쪽 끝에 막고굴에서 가장 무서운 표정을 짓고 있는 「천왕상」이 있다. 「천왕상」은 두 손을 허리에 얹고 눈을 치켜 올리고 발로 잡귀를 밟고 있으며 얼굴에는 분노가 가득 차있다.

남벽에 누워있는 「석가 열반상釋迦涅槃像」, 북벽에 한 체가 훼손돼 여섯 체만 남아있는 「여래입상如來立像」이 안치돼있다. 여래란 '진리如를 깨달은 사람'이라는 뜻으로 부처를 가리킨다. 석굴의 천장은 천불로 덮여있다.

第57굴 : 막고굴 최고의 미인 보살

당나라 초에 만든 매우 작은 전당식殿堂式 석굴로 「미인굴」이라고도 불린다. 정면 서벽의 감실 안에 「중존 좌상中尊坐像」 아미타여래阿彌陀如來와 그 옆에 두 제자의 비구니상二比丘像과 네 보살상四菩薩像이 안치돼 있다.

오른쪽의 협시 관음보살은 제45굴의 협시보살, 제322굴의 관음·세지보살, 제328굴의 보살과 함께 막고굴에서 가장 아름다운 4대 미인 보살美菩薩이다.

관음보살상은 약간 왼쪽으로 갸우뚱한 머리, 머리 뒤로 올린 왼손, 큰 연꽃을 든 오른손, 온화한 얼굴, 가늘고 긴 눈썹, 지그시 감은 눈, 미소를 머금은 붉은 입술, 부드러운 비단의 옷맵시, S자 모양으로 몸을 굽힌 관능적인 자태, 금색으로 빛나는 관과 금 목걸이, 금빛의 화려한 장신구가 매우 돋보인다. 자태가 아름답고 우아하며 연지를 바른 입술에 화장한 얼굴이 마치 살아 있는 듯한 생동감을 준다.

남벽에 석가가 녹야원에서 승려들에게 설법하는 모습을 그린 「수하 설법도樹下說法圖」가 있다. 이 「수하 설법도」는 당나라 시대의 걸작으로 보살이 매우 아름답다. 북벽에 전생의 석가가 흰 코끼리를 타고 도솔천에서 인간세계로 내려와 석가의 어머니 마야부인의 몸으로 들어가는 모습을 그린 「승상 입태도乘象入胎圖」, 석가가 수행을 위해 백마를 타고 왕궁을 떠나는 모습을 그린 「출가 유성도出家踰城圖」 등 석가모니의 일생을 그린 「불전도佛傳圖」가 장식돼있다.

제57굴
아미타설법도

第57窟

또한 천장의 「비천」 역시 막고굴에서 가장 아름다운 비천이다. 이 「비천」은 티베트의 영향을 받은 작품이다. 「비천」은 불교에서 석가를 지키는 여덟 사람 가운데 하나로 악기와 춤을 담당하고 있는 아미타阿彌陀에게 향기 나는 꽃을 뿌리는 역할을 하는 천녀天女이다.

제61굴 : 막고굴 최대의 벽화 〈오대산도〉

약 1천 년 전인 오대십국의 조원충 시대(947~957)에 만든 정네모의 탑묘굴이다. 둔황의 지배자로 실크로드의 통행과 문화교류에 크게 공헌을 한 절도사節度使 조원충曹元忠이 그의 아내를 위해 만든 높이 9.5m에 넓이 196㎡의 큰 석굴이다.

석굴 안에 불상은 모두 파괴돼 없어졌고 벽화만 남아 있다. 서벽에 문수보살文殊菩薩의 성지인 오대산을 그린 「오대산도五臺山圖」는 높이 4.6m에 길이 13.6m로 현재 세계에서 가장 오래되고 가장 큰 입체지도이다. 이 석굴은 오대산 벽화가 있어 「문수당文殊堂」이라고도 불린다.

제61굴
오대산도

오대산은 산시 성의 북동쪽에 있는 높이 3,058m의 산이다. 망해봉望海峰, 괘월봉挂月峰, 금수봉錦綉峰, 엽두봉葉頭峰, 취암봉翠岩峰의 다섯 봉우리가 있어 오대산이라는 이름이 붙었다.

오대산은 관음보살의 성지인 보타산普陀山과 보현보살의 성지인 아미산峨眉山, 천태종의 성지인 천태산天台山과 함께 중국 불교의 4대 성지의 하나다. 벽화에 오대산의 산천, 도로, 다리, 64개의 사찰, 불교 고사佛教古事, 순례자의 모습, 농촌 풍경, 서민의 생활풍속 등이 상세히 담겨있다. 당나라 시대에 《왕오천축국전》을 쓴 신라의 승려 혜초가 오대산에서 입적했다.

남벽과 북벽에는 태어나서부터 열반에 들기까지의 석가모니의 일생을 그린 128장의 병풍 형식으로 된 「불전도」가 있다. 동벽에는 서민이 오대산의 여러 사원을 순례하는 모습을 그린 〈순례도巡禮圖〉, 소가 밭을 갈고 있는 모습을 그린 〈농사도農事圖〉, 부처에게 공양하는 귀부인들을 그린 〈여인 공양상女供養人像〉의 벽화가 있다.

제96굴 : 막고굴의 상징 대웅보전

당나라 초에 건조한 석굴로 대불전大佛殿이라고 불리는 막고굴의 심벌이다. 막고굴에서 96굴과 130굴만이 바위를 깎아 석굴을 만들었다. 높이 43m의 9층 누각 안에 「천세대불千歲大佛」이라고 불리는 높이 34.5m, 폭 12.5m의 거대한 「미륵 좌불상彌勒坐佛像」이 안치돼있다. 당나라 여제 측천무후가 세운 불상이다.

미륵불은 불삼세佛三世 중 미래불未來佛이다. 불교 경전에 따르면 미륵불은 석가가 입멸한 뒤, 56억 7천만 년이 되면 현재불現在佛인 석가불이 구제하지 못한 중생을 위해 화림원華林園의 용화수龍華樹 아래 내려와 중생을 구제한다는 부처이다. 대불은 막고굴에서 가장 크고 중국에서 낙산대불 다음으로 두 번째로 크다. 석굴이 누각과 연결돼있어 계단 따라 7층까지 올라갈 수 있다.

대불은 제130굴의 「남대불南大佛」과 대조를 이루고 있어 「북대불」이라고도 불린다. 다리를 열고 앉아 있는 개각開脚이 특징이다. 바로 아래에서 올려다보면 불상의 웅장함에 놀라지 않을 수 없다.

누각이 지금은 9층이지만, 당나라 때는 3층, 청나라 때는 5층이었다, 누각의 밖에 직경 50㎝, 높이 1m의 큰 청동 화로가 있다. 관광객들이 향을 피워 소원을 빌도록 돼있다.

제96굴
막고굴의 상징
대웅보전

제112굴 반탄 비파화

막고굴의 석굴들 2

30

'오대산도'의 신라인

제112굴 : 둔황의 심벌 반탄비파

당나라 중기(766~835)에 만든 주실의 천정이 복두형인 작은 석굴이다. 입구의 문 위에 「항마변도降魔變圖」, 그 좌우에 「관세음보살보문품변도」와 「세지보살보문품변도」, 남벽의 동쪽에 「관무량수경변도」, 서쪽에 「금강경변도金剛經変圖」, 북벽의 서쪽에 「보은경변도報恩經変圖」, 동쪽에 「약사경변도藥師經変圖」가 있다.

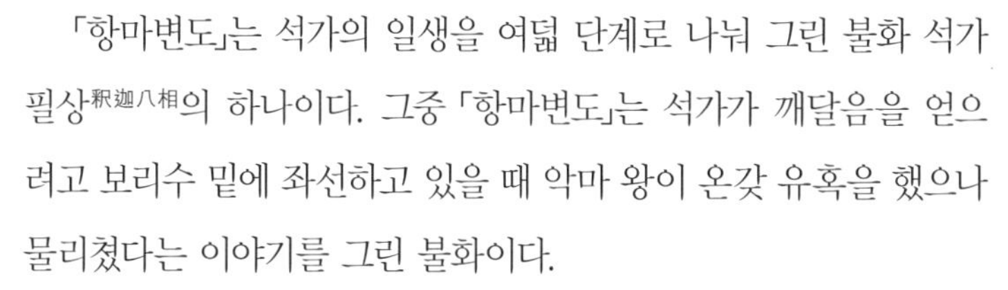

「항마변도」는 석가의 일생을 여덟 단계로 나눠 그린 불화 석가필상釈迦八相의 하나이다. 그중 「항마변도」는 석가가 깨달음을 얻으려고 보리수 밑에 좌선하고 있을 때 악마 왕이 온갖 유혹을 했으나 물리쳤다는 이야기를 그린 불화이다.

남벽 동쪽의 「관무량수경변도」의 맨 앞줄의 중심에 화려하게 치장한 천녀가 춤추며 비파를 타는 「반탄 비파화反弾琵琶畵」가 있다.

둔황 도심에 서 있는 비파를 연주하는 천녀상은 이 석굴의 벽화를 모델로 한 것이다.

제130굴 : 막고굴 두 번째로 큰 미륵대불

당나라 전성기에 만든 높이 29m의 방추형方錐形의 거대한 석굴이다. 석굴에 「남대불」이라고 불리는 막고굴에서 두 번째로 큰 좌불상坐佛像이 안치돼 있다. 이 대불은 실크로드의 동·서교역이 한창일 때 이 지방의 장관이었던 태수 악정환樂庭環이 29년 걸려 만들어 기증한 것이다.

높이 26m의 이 「미륵대불상彌勒大佛像」은 얼굴 길이만도 7m나 된다. 불상을 바로 아래에서 위를 올려다볼 때의 크기를 고려하여 만들었기 때문에 몸보다 머리가 큰 것이 특징이다. 풍만한 얼굴, 온화한 표정, 섬세한 손, 그리고 흘러내리는 듯한 옷 주름이 아름답다. 석굴 속에 설치돼있는 계단을 따라 얼굴 높이까지 올라갈 수 있다.

제130굴

석굴의 남·북벽에 큰 불상에 어울리는 높이 15m의 협시보살의 벽화가 장식돼있다. 막고굴에서 큰 벽화중의 하나이다. 그 위에 길이 2m의 막고굴에서 가장 큰 비천이 있고 앞 벽의 좌우에는 「공양자상供養者像」이 있다. 이 석굴을 만들어 기증한 악정환 부부와 두 딸, 그리고 시녀들이 공양에 참가하는 모습을 담은 벽화이다.

제148굴
석가열반상

제148굴: 거대한 아미타불 열반상

당나라 전성기에 만든 길이 7m, 폭 17m, 높이 6m의 큰 석굴로 전체가 관棺 모양을 이루고 있다. 주실의 정면 서벽의 불단에 길이 15m, 폭 3.5m의 「석가열반상釋迦涅槃像」이 안치돼있어 「열반굴」이라고도 불린다. 입멸한 부처가 머리를 남쪽으로 향하고 있고 다리를 겹친 채 손을 베고 누워있다. 열반상 뒤의 남·서·북벽의 삼면에 걸쳐 거대한 「열반경변상도涅槃經変相圖」가 있다. 그리고 그 뒤에 슬픔에 잠겨있는 보살, 제자, 각국의 왕자 등 72체의 소상이 나열돼 있다. 석굴의 천장에는 천개의 부처를 그린 천불상이 장식돼 있다.

남벽에 아미타불, 북벽에 미륵불이 안치돼있어 이 석굴은 과거불-현재불-미래불의 「삼세불三世佛」로 이루어져 있다.

북벽에 석가세존이 입멸할 때의 마지막 가르침을 담은 불화 「열반경변도」, 남·동·북벽에 미륵보살이 깨달음을 얻어 미륵불이 돼 인간 세계로 내려와 중생을 구제한다는 내용을 담은 불화 「미륵하생경변도彌勒下生經變圖」, 그리고 동벽의 북쪽에 「동방약사경변도」, 동벽의 남쪽에 「관무량수경변도」가 있고 그 양쪽에 미생원未生怨과 십육관十六觀을 그린 벽화가 장식돼있다. 석가세존이 태어나기 전에 있었던 원한을 불교에서 미생원이라 한다. 십육관은 중생이 죽어서 극락정토에 가기 위한 일상관日想觀, 수상관水想觀 등 16가지의 염불 방법을 말한다.

제158굴: 막고굴 최고의 석가 열반굴

당나라 중기, 티베트족이 둔황을 지배했던 시대에 만든 석굴로 주실의 천장이 관棺 모양을 이루고 있다. 서벽의 불단에 『둔황의 아름다운 마음美心』이라고 불리는 현세불 「석가열반상」, 남벽에 과거불 「여래입상如來立像」, 북벽에 미래불 「여래의자상如來倚座像」의 과거-현재-미래불의 삼세불이 안치돼있다.

「석가 열반상」은 길이 15.8m, 머리의 길이 3.5m로 세계에서 가장 큰 와불臥佛이다. 물결모양의 머리칼, 길게 찢어진 눈, 쭉 뻗은 콧날, 입멸했을 때의 편안한 모습으로 누워 조용한 웃음을 머금고 얼굴 전체에 열반의 기쁨이 담겨 있다.

석가가 머리는 남쪽, 발은 북쪽에 두고 동쪽을 향해 누워있다.

제158굴
석가열반상

보는 위치에 따라 얼굴 모습이 달라진다. 그 곁에 피리를 부는 비천을 묘사한 벽화「적취 비천笛吹飛天」이 있다. 열반상을 둘러싼 남·서·북 벽에는 석가의 입멸을 슬퍼하여 제자와 보살, 그리고 각국의 왕자들이 슬퍼하는 모습을 그린「거애도擧哀圖」가 있다.

북벽에는 석가의 열반을 전해 듣고 슬픔에 잠겨 있는 한족의 황제, 그밖에 티베트, 돌궐, 위구르 등의 북방민족과 파키스탄 등의 남방 민족의 왕자들의 모습을 그린「각국 왕자도各國王子圖」가 있다. 슬픈 나머지 귀를 자르고 가슴을 칼로 찌르는 등의 각 민족의 사람이 죽었을 때 슬퍼하는 풍습을 담고 있는 것이 흥미롭다.

제159굴 : 문수보살의 티베트 왕 청문도

당나라 중기, 티베트족이 둔황을 지배했던 시기에 만든 복두형의 방굴이다. 동벽의 「유마힐경변도維摩詰經変圖」가 유명하다. 병에 걸린 유마힐이 문병 온 문수보살과 불법에 관해 논쟁을 벌이고 있고 그 아래 그들의 토론을 각국의 왕자들이 듣고 있는 벽화이다.

정면 서벽의 감실에는 본전이 파괴돼 없는 「칠존상」이 안치돼 있다. 보살은 흰 피부에 화려한 색깔과 무늬의 옷을 입고 있어 매우 아름답다.

제172굴: 극락세계의 관무량수경변도

당나라 중기에 만든 석굴이다. 남·북벽의 극락정토極樂淨土의 세계를 그린 아미타불의 「관무량수경변도」가 유명하다. 큰 누각이 연못 칠보연지七宝蓮池에 솟아있다. 투시화법·원근화법으로 그린 그림이 걸작이다.

「설법도」의 중앙에 아미타불이 있다. 그 뒤에 묘사된 궁전은 당시 창안의 황제 궁처럼 화려하다. 투시화법透視書法으로 그려 입체화처럼 보인다. 궁전의 「비천도飛天圖」가 눈길을 끈다. 정토경변도는 막고굴의 제120굴에 아미타경변도가 유명하다.

제217굴: 법화경변상도와 화성유품도

당나라 초에 만든 복두형 천장의 방굴이다. 정면 서벽에 청나라 시대에 만든 소상이 하나 있을 뿐 석굴 만들 당시의 존상尊像은 없다. 그 뒤에 없어진 존상의 광배光背와 열 제자十弟子와 여덟 보살八菩

薩이 남아 있다.

천장에 「보상화문양도寶相華文樣圖」가 있고, 북벽에는 「관무량수경변도觀無量壽經變圖」가 있다. 「관무량수경변도」는 극락세계 서방정토를 그린 것으로 아미타불이 그 주변의 보살과 예불자에게 설법을 하고 있는 벽화이다.

남벽에 「법화경변도法華經變圖」가 있다. 그 오른쪽에 있는 「화성유품도化城喩品圖」는 아무도 가본 적이 없는 험난한 길인데도 불구하고 귀한 보물을 찾아 여행에 나섰으나 피곤에 지쳐서 더 못 가게 됐는데 그때 한 도사의 신통력으로 나타난 환상의 도성에서 일행은 휴식을 취하고 원기를 회복했다는 이야기를 그린 벽화이다. 여행하는 일행은 중생, 도사는 부처, 도성은 열반에 비유한 것이다.

제220굴: 초당의 걸작 유마힐경변도

당나라 초에 만든 방굴로 남벽에 아미타불의 극락세계를 그린 「서방정토변도西方淨土変圖」, 북벽에 「동방약사변도東方藥師變圖」, 동벽에 「유마힐경변도维摩詰經變圖」가 있다. 「유마힐경변도」에는 병을 핑계 삼아 호상胡牀에 앉아 부처의 제자들과 육신의 고통에 대해 논쟁을 벌이고 있는 유마거사의 모습이 생동감 있게 묘사돼 있다.

「서방정토변도」 아래 기락천技樂天이 여러 가지 악기를 연주하고 있고 그중 두 여인이 유명한 호선무를 추고 있다. 그밖에 오른 손에 연꽃을 든 지연화보살持蓮花菩薩, 그리고 비천 등이 있고 문수보살 아래 시종을 거느린 황제가 있다.

제249굴: 신화 · 전설의 벽화-서왕모 · 아수라

서위 시대에 만든 말각조정식抹角藻井式 복두형 천정을 가진 방굴이다. 말각조정식은 정사각형과 마름모 꼴의 틀을 순차적으로 쌓아 올린 천장이다. 이 석굴의 특징은 천장을 가득 매운 찬란한 천장화에 있다. 천장의 위는 중국 고대의 신선사상, 아래는 인간세계를 융합한 하늘세계天空를 그린 벽화가 있다.

남·북벽의 중앙에 「설법도」가 있고 천장의 뒷벽에 「수미산도」가 있고 그 위에 태양과 달을 떠받들고 있는 네 눈과 네 손四眼四手을 가진 아수라阿修羅가 다리를 벌리고 서 있다. 「아수라굴」이라고도 불린

제220굴 초당의 걸작 유마힐경변도

다. 원래 아수라는 제석천帝釋天과 싸운 나쁜 신이었으나 불교에 귀화하여 불법을 지키는 여덟 수호신인 팔부신중八部神衆의 하나가 됐다. 아수라의 오른쪽에 바람의 신인 풍백風伯, 왼쪽에 번개의 신인 뇌공雷公이 있다.

남벽에 서왕모, 북벽에 동왕공東王公(서왕모의 배우자)이 있다. 서왕모는 중국의 신화에 등장하는 여신이다.

제257굴: 사유보살상과 구색녹본생도

제257굴
사유보살상

북위(445~534) 시대에 만든 석굴로 전형적인 중심탑주식中心塔柱式 석굴이다. 석굴 안에 네모기둥方柱이 있고 사면에 불상이 안치돼있다. 남벽의 중앙에 막고굴에서 가장 오래된 서역풍의 소상 「미륵의좌설법상彌勒倚坐說法像」과 「사천대왕상四天大王像」이 안치돼있다. 남벽에 발을 무릎에 얹고 손으로 턱을 고우고 상반신을 앞으로 내밀고 깊은 생각에 잠겨 있는 「사유보살상思維菩薩像」이 있다.

서벽의 「구색녹본생도九色鹿本生圖」와 남벽의 「사미수계자살인연도沙彌守戒自殺因緣圖」가 유명하다. 천정에는 연못에서 동자가 나체로 헤엄치고 있는 천정 그림이 있다. 「구색녹본생도」는 물에 빠진 사람을 구해준 아홉색의 사슴의 혼이 100년 뒤에 석가가 돼 태어났다는 이야기,

「사미수계자살인연도」는 사미가 소녀의 유혹을 물리치고 계를 지켰다는 이야기를 담은 벽화이다.

제259굴: 둔황의 모나리자 선정보살

북위 시대에 만든 큰 석굴이다. 정면 서벽의 감실에 석가불釋迦佛과 다보불多寶佛이 나란히 앉아 설법하는 「이불병좌설법상二佛並坐說法像」이 안치돼있다. 두 부처는 과거·현재를 나타낸 것으로 법화경法華経의 설화 견보탑품見寶塔品에 나오는 이야기다. 이 설화에 따르면 갑자기 석가 앞 땅에서 화려한 칠보탑이 솟아나 세존이 법화경을 설법 한다는 내용이다. 간다라 미술의 영향을 받은 작품이다.

제259굴
선정보살

북벽의 오른쪽 감실에 안치돼있는 「선정보살상禪定菩薩像」은 오호십육국 시대의 작품으로 매우 유명하다. 가지런히 포갠 두 손이 선정인禪定印을 짓고 있다. 이 선정불은 얼굴에는 깨달음에서 오는 기쁨을 나타내는 회심의 미소를 머금고 있다. 환한 미소를 띈 모습이 아름다워 「둔황의 모나리자」로 불린다. 북위 시대의 대표적 작품으로 제45굴의 미인 보살과는 다른 정갈한 아름다움을 풍긴다.

제275굴: 가장 오래된 교각미륵보살

5세기 오호십육국의 북량(420~439) 시대에 만든 궁전식의 작은 석굴로 막고굴의 석굴 중 가장 오래됐다. 정면 서벽에 높이 3.4m의 큰 「교각미륵보살상交脚彌勒菩薩像」이 대좌에 다리를 엇갈려 앉아있다. 다리를 포개 앉는 교각자세는 기마유목민족의 앉는 자세로 호좌胡坐라고 부른다. 한국에서는 미륵보살은 「반가사유상半跏思惟像」이 많은 데 중국에서는 교각상이 많다.

이 석굴의 「교각미륵보살상」은 오른손의 팔목이 파손돼 없다. 손바닥을 편 왼손은 무릎에 얹어놓고 중생의 소원을 들어 주겠다

제275굴
교각미륵보살

제275굴
사문출유도

는 여원인與願印을 짓고 있다. 윗몸은 옷을 거의 벗은 반나체이고 아래는 옷이 물에 젖은 것 같이 다리에 밀착돼 있다. 머리에는 정면에 화불化佛이 새겨져 있는 삼주보관三珠寶冠, 목에는 금은으로 장식된 목걸이, 단정한 얼굴, 전체적으로 몸의 선이 가는 것이 전형적인 서위·북주 시대의 작품이다. 미륵보살이 몸에 걸친 투명한 양장복羊腸服은 당시 유행했던 옷이다.

남벽과 북벽에 작은 「교각불상」과 「사유미륵보살상」이 있다. 남벽에는 싯다르타 태자가 성 밖으로 나가 인간의 생로병사의 고해를 보고 크게 깨달아 출가하기로 결심했다는 이야기를 담은 「사문출유도四門出遊圖」가 있다. 북벽의 교각보살 아래 시비왕과 천불이 있고 배고픈 매에게 자신의 살을 떼어준다는 시비왕의 보시 이야기를 담은 「시비왕본생도尸毗王本生圖」가 있다.

제253굴 벽화

막고굴의 석굴들 3

31

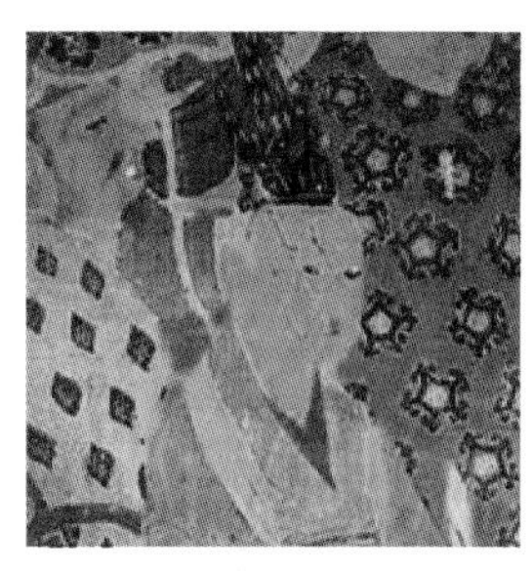
'유마힐경변'에 들어 있는 고구려인

제285굴: 산림 선인도-복희와 여와

서위(534~556) 시대에 서역과 둔황의 호족이 공동으로 만든 걸작굴이다. 이 석굴은 복두형 천정을 가진 방굴로 막고굴의 석굴 중 가장 내용이 풍부하다.

정면 서벽에 3개의 감실이 있다. 중앙의 큰 감실에 「여래상」, 왼쪽과 오른쪽의 작은 감실에 좌선坐禪하고 있는 승려 소상이 안치돼 있다. 천정에 전설의 황제 복희伏羲, 천지창조 신인 그의 아내 여와女媧와 함께 신괴神怪, 비천, 주수走獸 등 중국 고대신화를 담은 벽화가 있다.

북벽에는 여섯 쌍의 「삼존상」과 두 쌍의 「이불병좌상二佛倂坐像」, 남벽과 북벽에는 각각 4개의 방실이 있다. 방실 입구의 벽면에는 당초금수문唐草禽獸紋, 각 입구의 경계 벽에는 「천불」과 「약차상」이 장

제285굴

식돼있다.

남벽에 500명의 강도가 참선·수행하여 성불했다는 이야기를 담은 「오백강도성불도五百强盜成佛圖」가 있다. 이 성불도에는 500명의 강도가 무리지어 강도질 하는 장면, 왕이 군대를 파견해 모두 잡아들이는 장면, 왕이 강도들에게 극형을 내리는 장면, 왕이 강도들을 험한 산으로 추방하는 장면, 부처님이 강도들에게 설법하는 장면, 참회한 강도들이 출가하여 수도하는 장면 등이 담겨있다.

제320굴

제320굴: 막고굴 제일의 쌍비천

당나라 초에 만든 복두형 천정의 석굴이다. 주실의 정면 서벽에 의좌에 걸터앉아 있는 「오존상五尊像」이 있다. 남벽에는 「아미타정토변상도阿彌陀淨土变相圖」, 북벽에는 서방극락세계를 그린 「관무량수경변도」가 있다. 남벽과 북벽의 중앙에 있는 4체의 비천은 마치 움직이고 있는 듯하며 매우 아름다워 막고굴 최고의 비천으로 꼽히고 있다. 천정의 중심에 색채가 고운 모란꽃이 그려져 있고 그 바깥쪽 사방에 천불이 가득히 장식돼 있다.

제322굴
칠존상

제322굴: 초당양식의 칠존상

당나라 초에 만들고 오대 시대에 고쳐지은 복두형 전당식의 작은 석굴이다. 서벽의 이중으로 된 큰 감실에 중존, 두 제자 가섭·아난, 두 협시보살 관음·세지보살, 두 천왕의 소상 「칠존상」이 안치돼있다. 중존은 팔각형의 좌대에 앉아있다. 그 북쪽에 안치돼있는 천왕상은 잡귀를 밟고 있다.

천장의 중심에 포도 무늬의 조정이 있고, 그 아래 열여섯 체의 비천, 벽에는 천불타千佛陀가 장식돼있다. 북벽에 「아미타보살경변도」, 동벽에 「수하설법도」, 서벽의 감실 밖에는 「유마힐경변도」가 있다.

제323굴
장건출사서역도

제323굴 : 실크로드 개척한 장건의 사적고사

당나라 초에 만든 불교사적고사의 벽화가 많이 장식돼 있는 석굴이다. 주실의 남벽과 북벽에 불교의 역사적 인물과 사건을 담은 여덟 개의 「불교사적고사도佛教史的故事圖」가 장식돼있다.

북벽 왼쪽의 「장건출사서역도張騫出使西域圖」가 유명하다. 장건이 한나라 무제를 위해 감천궁甘泉宮에서 금인金人(불상)에게 제사를 지내는 장면, 서역으로 떠나는 장건을 무제가 말 위에서 전송하는 장면, 서역의 대하국大夏國에 도착한 장건을 영접하는 장면이 담겨 있다.

제328굴

제328굴: 구존상과 공양보살상

당나라 초에 만들고 오대 시대에 고쳐지은 석굴이다. 석굴의 바닥이 연꽃무늬蓮華紋로 장식돼 있는 것이 특징이다. 석굴 안에 모두 8체의 소상이 안치돼있다. 정면 서벽 감실에 부처, 두 제자 가섭·아난, 두 협시보살, 네 공양보살의 「구존상」이 있다.

벽과 천장에 천불이 가득 차있다. 벽화는 채색이 선명한 두 제자의 소상과 여덟 제자의 벽화가 어울려 있다. 남벽의 「공양보살상」은 현재 보스턴 박물관에 전시되고 있다. 날씬한 몸매와 깎아 놓은 듯 갸름하며 피부는 반들반들한 얼굴에 요염하면서 정숙한 아

제329굴

름다움이 돋보이는 보살상은 제45굴의 보살상과 함께 막고굴 최고의 미인 보살이다.

제329굴: 막고굴의 대표적 천장화-비천연화

당나라 초에 만들고 오대와 청나라 시대에 고쳐 지은 석굴로 찬란한 벽화가 유명하다. 푸른 하늘을 상징하는 복두형 천정의 조정은 다채로운 연꽃 무늬와 네 체의 비천이 에워싸고 있다. 그밖에 석가의 「생탄도生誕圖」와 「출가도出家圖」, 「풍신·뇌신도風神雷神圖」, 연꽃 위에 12체의 비천이 날고 있는 「비천연화조정도飛天蓮華藻井図」로 가득 차

있다. 남벽에는 「아미타정토변도」, 북벽에는 미륵경변弥勒経変의 「서방정토도西方淨土圖」가 있다. 이 벽화는 불교고사佛教故事의 미륵변경을 그린 것으로 위에 도솔천궁에 앉아 있는 미륵보살이 있다. 그리고 중앙에 미륵이 성불하여 인간세계로 내려와 중생에게 설법하는 벽화와 극락세계인 서방정토의 아름다운 정경이 펼쳐져 있는 벽화가 장식돼있다.

서벽 감실의 천장에 「승상입태도乘象入胎圖」와 「야반유성도夜半逾城圖」가 있다. 오른쪽의 「승상입태도」는 싯다르타 태자의 태몽을 그린 것이며 왼쪽의 「야반유성도」는 싯다르타 태자의 출가 장면을 그린 벽화이다.

제335굴 : 당나라 초의 유마힐경변도

당나라 초의 여제 측천무후 시대에 만든 석굴로 주실은 정방형의 복두형 천정을 가진 석굴이다. 북벽의 「유마힐경변도」가 유명하다. 막고굴의 유마힐경변도는 대부분이 벽감의 좌우의 좁은 공간에 나뉘어 있다. 그런데 이 석굴의 「유마힐경변도」는 북벽 전체에 장식돼있어 막고굴의 유마힐경변도 중에서 가장 크며 인물과 자연의 묘사가 매우 뛰어나다. 유마힐경변상도는 병문안의 고사故事를 담고 있다.

불법에 정통한 유마힐 거사가 거짓 병假病을 앓고 있었다. 석가모니는 제자와 보살, 왕자, 대신들을 병문안을 보냈다. 이들은 유마힐이 어려워서 가려고 하지 않자, 할 수 없이 석가모니는 지혜가 뛰어난 문수보살을 함께 보냈다. 두 사람이 만나면 반드시 큰 토론이

제103굴
유마힐경변도

벌어질 것을 믿고 모두 문수보살을 따라갔다. 결국 유마힐의 집에 제자들, 8천 명의 보살들, 그리고 각국의 왕자들이 문수와 유마힐의 논쟁을 듣게 됐다는 이야기다.

제335굴의 유마힐경변도는 오른쪽에 유마거사, 왼쪽에 문수보살이 앉아있다. 병을 핑계 삼아 호상胡牀에 앉아 육신의 고통 및 그 환상에 대해 논쟁을 벌이는 유마거사의 모습이 묘사돼 있다. 그 아래에 각국의 여러 왕자들이 있다. 그중에 조우관을 쓴 두 명은 신라 왕자로 보인다.

제427굴 과거 · 현재 · 미래의 삼불

수나라(581~618)시대에 만든 중심탑주굴中心塔柱窟로 전실과 후실로 된 큰 석굴이다. 목조로 된 전실에 「인왕상仁王像」과 「사천왕상四天王像」이 안치되어 있다. 후실의 탑 기둥에 부처와 보살이 안치돼 있다. 서벽에 안치돼있는 「불삼존입상佛三尊立像」은 과거불-현재불-미래불의 삼세불로 돼있다. 나머지 삼면의 감실에는 「삼존좌상三尊坐像」이 있다.

「불삼존입상」은 부처의 오른쪽에 석가의 제자 아난, 왼쪽에 가섭이 소박한 옷을 입고 겸손하게 서서 석가의 설법을 듣고 있다. 큰

제427굴
불삼존입상

머리, 튼튼한 몸, 짧은 다리는 수나라 시대 소상의 특징이다. 천정에는 비파, 수금 등 여러 가지 악기를 들고 하늘을 날고 있는 108체의 비천상, 사방 벽에는 천체불이 장식돼 있다. 「삼존입상」의 뒷벽에는 작은 부처小佛로 가득 차있다.

제428굴 : 화려한 벽화 석가본생도

막고굴 초기의 북주(557~580) 시대에 만든 큰 석굴이다. 굴 속에 불탑이 없고 중심에 네모의 기둥탑中心塔柱을 세우고 4면을 감실을 두른 「중심탑주식 탑묘굴塔廟窟」이다. 기둥의 감실에 「여래상」과 아난·가

제428굴
석가본생도

섭의 「불제자상」이 있다. 막고굴 초기의 소상은 부처·보살·천왕만 이었다. 그런데 북주 시대부터 불제자가 등장한다. 감실 밖에는 두 보살이 안치돼 있고 벽은 찬란한 벽화로 가득 차있다. 이 석굴의 「비천상」이 유명하다.

정면 서벽에 「열반도涅槃圖」, 북벽에 「강마도降魔圖」, 남벽에 「설법도說法圖」가 있다. 동벽의 오른쪽에 싯다르타 태자의 본생도인 「사신사호도捨身飼虎圖」, 왼쪽에 「수타나 태자 보시도须達那太子布施圖」가 벽을 채우고 있다.

싯다르타 태자의 「사신사호도」는 일곱 마리의 새끼를 거느린 굶주린 어미 호랑이에게 태자가 자신의 몸을 잘라 먹인다는 이야기를 담고 있다. 「수타나 태자 보시도」는 송나라의 보배인 흰 코끼리를 바라문에게 주어 왕에게 쫓겨난 수다나 태자가 그 뒤에도 여행 중에 보시布施의 마음을 잊지 않고 자기의 두 아들을 바라문에게 줬다. 이 사실을 알게 된 왕은 기특하게 여겨 두 아이와 함께 태자를 돌아오게 했다는 이야기를 담고 있다. 싯다르타 태자나 수다나 태자가 바로 전생의 석가이다.

그 밖의 석굴사원들

지금까지 막고굴의 주요 석굴을 감상해보았다. 막고굴에는 그 밖에도 소상과 벽화가 많다. 그중 몇 가지를 더 살펴보면, 당나라 시대의 결혼식 등의 생활풍습을 상세하게 그린 벽화 「가취도嫁娶圖」가 있는 제12굴, 한약초漢藥草의 씨를 뿌리고 있는 농민을 비롯하여 당나라 시대의 농촌 풍경을 그린 벽화가 있는 제23굴, 음악당이라고 불

제23굴

리는 「기락도伎樂圖」가 있는 제38굴, 삼장법사 현장의 강교당講教堂이 라고 불리는 제68~72굴, 「석가영산설법도釋迦靈山說法圖」가 있는 제103 굴, 「유혹굴誘惑窟」이라고 불리는 제175굴, 당나라 시대의 소녀 「보살 상菩薩像」이 있는 제194굴, 인도의 전설·신화의 벽화가 있는 제287 굴, 석가의 생애를 담은 「불전도」와 춤추는 「비천도」가 있는 제290 굴, 아름다운 비천과 천녀를 담은 「아미타내영도阿彌陀來迎圖」가 있는 제321굴, 석가를 지키는 병사 「천왕상」의 벽화가 있는 제322굴, 날 아갈 듯한 자태의 매혹적인 보살상이 있는 제401굴, 수행을 위해 성을 떠나고 있는 「수타나태자 본생도」가 있는 제419굴, 왕족의 출 가 장면과 미륵경변의 벽화가 있는 제445굴, 남녀 교합의 「쌍신환희 금강상雙身歡喜金剛像」의 벽화가 있는 제465굴 등이 있다.

맺는 말

둔황을 한 번 더 가고 싶었다. 몇 번을 계획했으나 아쉽게도 이제는 나이가 들고 다리가 불편하여 사막지대의 여행은 무리여서 그만두었다.

누구나 실크로드를 여행하고 싶어 한다. 그러나 광대한 실크로드를 다 다닐 수 없다. 그런 경우에 둔황여행을 권하고 싶다. 둔황을 여행하면 고비와 타글라마칸 사막을 엿볼 수 있고 사막의 모래언덕을 밟아 볼 수 있다. 그리고 실크로드의 오아시스 도시도 경험할 수 있으며 사막 속에 핀 꽃 석굴사원도 볼 수 있다. 그리고 오는 도중에 삼천년 고도 시안과 '불의 땅' 투루판을 관람할 수 있다.
둔황여행은 실크로드 여행의 축소판이다.

둔황의 석굴을 굴별로 소개했지만 극히 일부에 지나지 않는다. 옥내 불상으로 세계에서 가장 큰 제96굴의 북대불이나 막고굴에서 두 번째로 큰 130굴의 남대불, 길이 15.8m의 세계에서 가장 큰 와불臥佛, 막고굴에서 가장 아름다운 제45굴의 미인관음보살이 지금까지 눈에 선하다. 막고굴은 석굴 하나하나가 서방정토를 축소한 극락세계를 상징하고 있다. 그 속에 안치돼 있는 불상의 속삭임이 들리는 듯하다.

언제나 기꺼이 책을 출판해주신 도서출판 기파랑의 안병훈 사장에게 진심으로 감사드린다. 아울러 책이 출판되도록 챙겨준 박은혜 에디터와 북디자이너 김정환 선생에게 감사드린다,

2018년 꽃피는 봄

화운禾耘 이태원李泰元

APPENDIX

부록

색인

둔황 막고굴의 속삭임

초판 1쇄 발행일 2018년 4월 30일
지은이 | 이태원
펴낸이 | 안병훈
북디자인 | 김정환
펴낸곳 | 도서출판 기파랑
등록 | 2004년 12월 27일 제300-2004-204호
주소 | 서울시 종로구 대학로8가길56(동숭빌딩) 301호
전화 | 02)763-8996(편집부) 02)3288-0077(영업마케팅부)
팩스 | 02)763-8936
이메일 | info@guiparang.com
ISBN 978-89-6523-849-2 03980

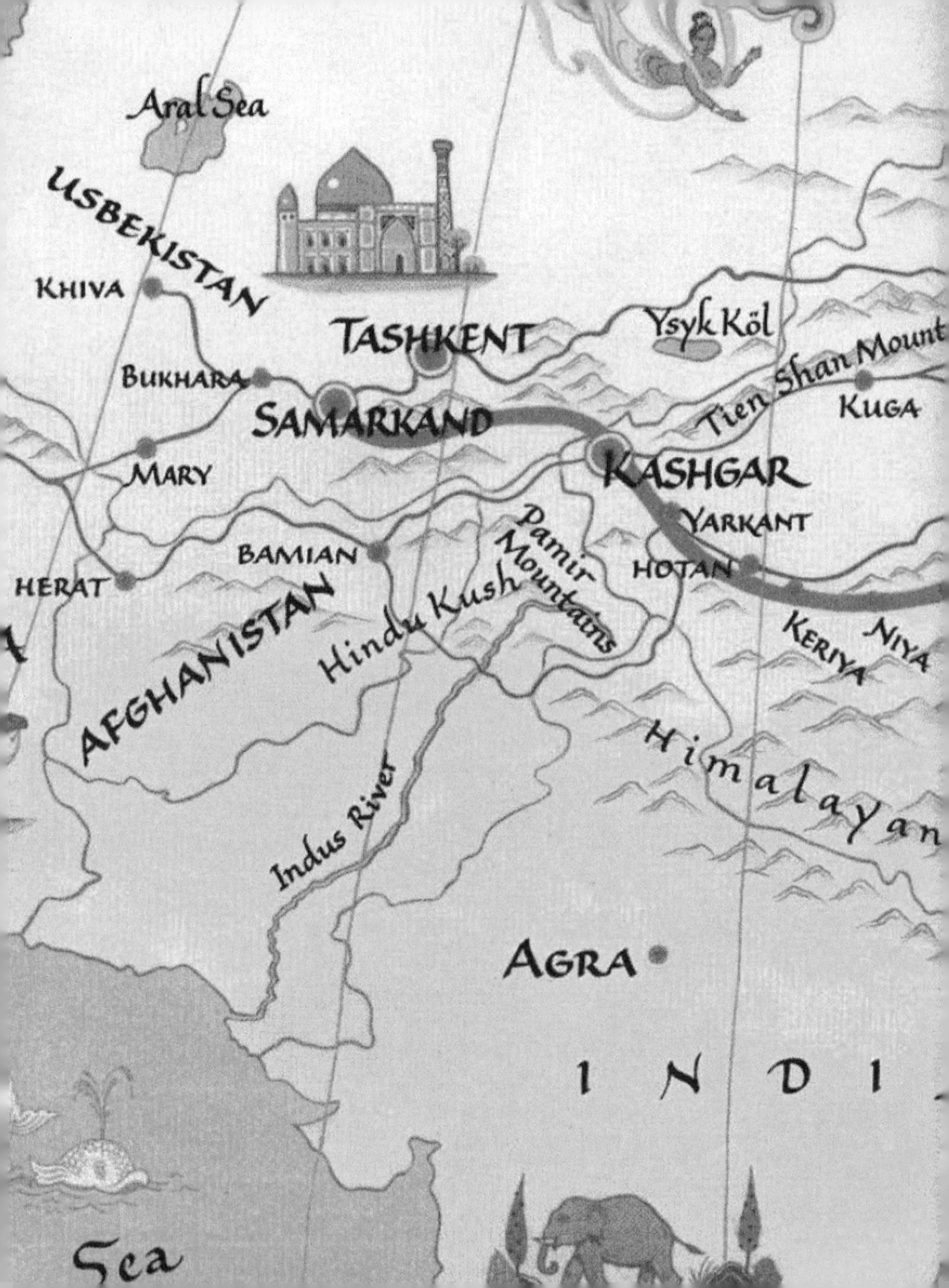

Aral Sea
USBEKISTAN
KHIVA
TASHKENT
Ysyk Köl
BUKHARA
SAMARKAND
Tien Shan Mount
KUGA
MARY
KASHGAR
YARKANT
BAMIAN
Pamir Mountains
HOTAN
HERAT
AFGHANISTAN
Hindu Kush
KERIYA
NIYA
Himalayan
Indus River
AGRA
I N D I
Sea

MONGOLIA

RUMQI

HAMI

URPAN

ANXI

JIAYUGUAN

THE GREAT WALL OF CHINA

Nor

Taklamakan Desert

DUNHUANG

Sunwei Mountains

LANZHOU

Yellow River

XI'AN (Chang'An)

QARKILIK

AN

IBET

CHINA

ountains